建筑施工特种作业人员培训教材

建筑起重机械安装质量检验工
（施工升降机）

建筑施工特种作业人员培训教材编委会　组织编写

中国建筑工业出版社

图书在版编目（CIP）数据

建筑起重机械安装质量检验工. 施工升降机/建筑施工特种作业人员培训教材编委会组织编写. —北京：中国建筑工业出版社，2019.7（2022.8重印）
建筑施工特种作业人员培训教材
ISBN 978-7-112-23947-4

Ⅰ.①建… Ⅱ.①建… Ⅲ.①建筑机械-升降机-装配（机械）-安全培训-教材 Ⅳ.①TH211.08

中国版本图书馆 CIP 数据核字（2019）第 136310 号

　　本书是建筑起重机械安装质量检验工（施工升降机）培训教材，书中详细介绍了建筑施工升降机安装质量检验工应掌握的基本知识与操作规范等内容，书中配图丰富，语言通俗易懂。本书分为两部分，共十章。第一部分为公共基础知识，包括职业道德、建筑施工特种作业人员和管理、建筑施工安全生产相关法规及管理制度、建筑施工安全防护基本知识、施工现场消防基本知识、施工现场应急救援基本知识；第二部分为专业基础知识，包括施工升降机专业知识、施工升降机的安装与拆卸、施工升降机安装质量检验和安全防护、施工升降机的维护保养与常见故障。本书可作为相关岗位人员培训教材，也可供相关专业技术人员参考。

　　责任编辑：杜 川 李 明 李 杰
　　责任校对：姜小莲

建筑施工特种作业人员培训教材
建筑起重机械安装质量检验工（施工升降机）
建筑施工特种作业人员培训教材编委会　组织编写

*

中国建筑工业出版社出版、发行（北京海淀三里河路 9 号）
各地新华书店、建筑书店经销
北京红光制版公司制版
天津安泰印刷有限公司印刷

*

开本：850×1168 毫米　1/32　印张：5⅛　字数：138 千字
2019 年 10 月第一版　　2022 年 8 月第二次印刷
定价：**20.00** 元
ISBN 978-7-112-23947-4
（34195）

建筑施工特种作业人员
培训教材编委会

主　　任：高　峰

副 主 任：王宇旻　陈海昌

委　　员：金　强　朱利闽　朱　青　刘钦燕　张丽娟

　　　　　陈晓苏　马　记　曹　俊　杜景鸣　查继明

　　　　　高海明　周保建　樊路军　李朝蓬　王尚龙

　　　　　张鹏程　何红阳

本书编审委员会

主　　编：周保建

副 主 编：张　辉　李玉伟

（本系列教材公共基础知识编写成员：金　强　朱利闽

　　朱青刘辉）

审　　稿：姜　宁

前　言

　　《中华人民共和国安全生产法》规定："生产经营单位的特种作业人员必须按照国家有关规定经专门的安全作业培训，取得相应资格，方可上岗作业"。建筑施工特种作业人员是指在房屋建筑和市政工程施工活动中，从事可能对本人、他人及周围设备设施的安全造成重大危害作业的人员。作为建设行业高危工种之一，其从业直接关系建筑施工质量安全，直接关系公民生命、财产安全和公共安全。

　　为进一步紧贴建筑施工特种作业人员职业素质和适岗能力的实际需要，编写委员会组织编写了《建筑电工》《建筑架子工》《附着式升降脚手架架子工》《建筑起重信号司索工》等 24 个工种的系列教材。该套教材既是相关工种培训考核的指导用书，又是一线建筑施工特种作业人员的实用工具书。

　　本套教材在编写过程中，得到了江苏省相关专家和部门的大力支持，在此一并表示感谢！因编者水平有限，难免会存在疏漏和不足之处，真诚希望广大同行和读者给予批评指正。

编者

二〇一九年五月

目 录

第一部分 公共基础知识

第一部分　公共基础知识

第一章　职业道德

第一节　道德的含义和基本内容

1. 道德的含义

道德是一种社会意识形态，是人们共同生活及其行为的准则与规范。

意识形态除了道德以外，还包括政治、法律、艺术、宗教、哲学和其他社会科学等，是对事物的理解、认知，对事物的感观思想，是观念、观点、概念、思想、价值观等要素的总和，如：对生命的认识和观点；对金钱物质的看法等。

道德往往代表着社会的正面价值取向，起到判断行为正当与否的作用。道德是以善恶为标准，通过社会舆论、内心信念和传统习惯来评价人的行为，调整人与人之间以及个人与社会之间相互关系的行动规范的总和。

2. 道德与法纪的关系

遵守道德是指按照社会道德规范行事，不做损害他人的事。遵守法纪是指遵守纪律和法律，按照规定行事，不违背纪律和法律的规定条文。法纪与道德既有区别也有联系，它们是两种重要的社会调控手段。

（1）法纪属于社会制度范畴，而道德属于社会意识形态范畴。道德侧重于自我约束，是行为主体"应当"的选择，依靠人们的内心信念、传统习惯和社会舆论发挥其作用，不具有强制力；而法纪则侧重于国家或组织的强制手段，是国家或组织制定和颁布，用以调整、约束和规范人们行为的权威性规则。

（2）遵守法纪是遵守道德的最低要求。道德一般又可分为两类：第一类是社会有序化要求的道德，是维系社会稳定所必不可少的最低限度的道德，如不得暴力伤害他人、不得用欺诈手段谋取利益、不得危害公共安全等；第二类是那些有助于提高生活质量、增进人与人之间紧密关系的原则，如博爱、无私、乐于助人、不损人利己等。第一类道德有时也会上升为法纪，通过制裁、处分或奖励的方法得以推行。而第二类道德是对人性较高要求的道德，一般不宜转化为法纪，需要通过教育、宣传和引导等手段来推行。法纪是道德的演化产物，其内容是道德范畴中最基本的要求，因此遵纪守法是遵守道德的最低要求。

（3）遵守道德是遵守法纪的坚强后盾。首先，法纪应包含最低限度的道德，没有道德基础的法纪，是无法获得人们的尊重和自觉遵守的。其次，道德对法纪的实施有保障作用，"徒善不足以为政，徒法不足以自行"，执法者职业道德的提高，守法者的法律意识、道德观念的加强，都对法纪的实施起着推动的作用。再者，道德又对法纪有补充作用，有些不宜由法纪调整的，或本应由法纪调整但因立法的滞后而尚"无法可依"的，道德约束往往就起到了必要的补充作用。

3. 公民道德的基本内容

公民道德主要包括社会公德、职业道德、家庭美德及个人品德四个方面。

（1）社会公德。公德是指与国家、组织、集体、民族、社会等有关的道德，社会公德是社会道德体系的社会层面，是维护社会公共生活正常进行的最基本的道德要求，是全体公民在社会交往和公共生活中应该遵循的行为准则，涵盖了人与人、人与社会、人与自然之间的关系。以文明礼貌、助人为乐、爱护公物、保护环境、遵纪守法为主要内容的社会公德，旨在鼓励人们在社会上做一个好公民。

（2）职业道德。职业道德是人们在职业生活中应当遵循的基本道德，是职业品德、职业纪律、专业能力及职业责任等的总称，它通过公约、守则等对职业生活中的某些方面加以规范。职业道德涵盖了从业人员与服务对象、职业与职工、职业与职业之间的关系；它既是对从业人员在职业活动中的行为要求，又是本行业对社会所承担的道德责任和义务。以爱岗敬业、诚实守信、办事公道、服务群众、奉献社会为主要内容的职业道德，旨在鼓励人们在工作中做一个好的建设者。

（3）家庭美德。家庭美德是调节家庭成员之间、邻里之间以及家庭与国家、社会、集体之间的行为准则，也是评价人们在恋爱、婚姻、家庭、邻里之间交往中的行为是非、善恶的标准。以尊老爱幼、男女平等、夫妻和睦、勤俭持家、邻里团结为主要内容的家庭美德，旨在鼓励人们在家庭生活里做一个好成员。

（4）个人品德。个人品德是一定社会的道德原则和规范在个人思想和行为中的体现，是一个人在其道德行为整体中所表现出来的比较稳定的、一贯的道德特点和倾向。个人品德是每个公民个人修养的体现，现代人应树立关爱、善待和宽厚的理念，对他人、对社会、对自然有关爱之心、善待之举和宽厚情怀。个人品德的内容包括很多，比如正直善良、谦虚谨慎、团结友爱、言行一致等。

社会公德、职业道德、家庭美德、个人品德这四个方面是一个有机的统一体，其外延由大到小，内涵由浅到深，共同构成一个完善的道德体系。在"四德"建设中，人的能动性及个人品德建设是至关重要的，个人品德的修养是树立道德意识、规范言行举止、建设和谐家庭、模范地做好工作、维护社会和谐的基础。只有个人具备优良品德修养才能由己及人，才能由己及家庭、集体和社会。正确处理个人与社会、竞争与协作、经济效益与社会效益等关系，树立尊重人、理解人、关心人的理念，发扬社会主义人道主义精神，提倡为人民为社会多做好事、体现社会主义制度优越性、促进社会主义市场经济健康有序发展的良好道德风尚。

党的"十八大"对未来我国道德建设也做出了重要部署。强调依法治国和以德治国相结合，加强社会公德、职业道德、家庭美德、个人品德教育，弘扬中华传统美德，倡导时代新风，指出了道德修养的"四位一体"性。"十八大"报告中"推进公民道德建设工程，弘扬真善美、贬斥假恶丑，引导人们自觉履行法定义务、社会责任、家庭责任，营造劳动光荣、创造伟大的社会氛围，培育知荣辱、讲正气、作奉献、促和谐的良好风尚"，强调了社会氛围和社会风尚对公民道德品质的塑造；"深入开展道德领域突出问题专项教育和治理，加强政务诚信、商务诚信、社会诚信和司法公信建设"，突出了"诚信"这个道德建设的核心。

第二节　职业道德的基本特征和主要作用

1. 职业道德的概念

职业道德是指所有从业人员在职业活动中应该遵循的行为准则，是一定职业范围内的特殊道德要求，即整个社会对从业人员的职业观念、职业态度、职业技能、职业纪律和职业作风等方面的行为标准和要求。

职业道德是随着社会分工的发展，并出现相对固定的职业集团时产生的，人们的职业生活实践是职业道德产生的基础。特定的职业不但要求人们具备特定的知识和技能，而且要求人们具备特定的道德观念、情感和品质。各种职业集团，为了维护职业利益和信誉，适应社会的需要，从而在职业实践中，根据一般社会道德的基本要求，逐渐形成了职业道德规范。

职业道德是对从事这个职业所有人员的普遍要求，它不仅是所有从业人员在其职业活动中行为的具体表现，同时也是本职业对社会所负的道德责任与义务，是社会公德在职业生活中的具体化。每个从业人员，不论是从事哪种职业，在职业活动中都要遵守职业道德，如现代中国社会中教师要遵守教书育人、为人师表

4

的职业道德，医生要遵守救死扶伤的职业道德，企业经营者要遵守诚实守信、公平竞争、合法经营的职业道德等等。

具体来讲，职业道德的概念主要包括以下八个方面：

（1）职业道德是一种职业规范，受社会普遍的认可。

（2）职业道德是长期以来自然形成的。

（3）职业道德没有确定的形式，通常体现为观念、习惯、信念等。

（4）职业道德依靠文化、内心信念和习惯，通过职工的自律来实现。

（5）职业道德大多没有实质的约束力和强制力。

（6）职业道德的主要内容是对职业人员义务的要求。

（7）职业道德标准多元化，代表了不同企业可能具有不同的价值观。

（8）职业道德承载着企业文化和凝聚力，影响深远。

2. 职业道德的基本特征

职业道德是从业人员在一定的职业活动中应遵循的、具有自身职业特征的道德要求和行为规范。职业道德具有以下几个特点：

（1）普遍性。从业者应当共同遵守基本职业道德行为规范，且在全世界的所有职业者都有着基本相同的职业道德规范。

（2）行业性。职业道德具有适用范围的有限性，每种职业都担负着一定的职业责任和职业义务，由于各种职业的职业责任和义务不同，从而形成各自特定的职业道德的具体规范。职业道德的内容与职业实践活动紧密相连，反映着特定职业活动对从业人员行为的道德要求。

（3）继承性。职业道德具有发展的历史继承性，由于职业具有不断发展和世代延续的特征，不仅其技术世代延续，其管理员工的方法、与服务对象打交道的方式，也有一定历史继承性。在长期实践过程中形成的职业道德内容，会被作为经验和传统继承下来，如"有教无类""学而不厌，诲人不倦"，从古至今都是教师的职业道德。

（4）实践性。一个从业者的职业道德知识、情感、意志、信念、觉悟、良心等都必须通过职业的实践活动，在自己的行为中表现出来，并且接受行业职业道德的评价和自我评价。

（5）多样性。职业道德表达形式多种多样，不同的行业和不同的职业，有不同的职业道德标准，且表现形式灵活。职业道德的表现形式总是从本职业的交流活动实际出发，采用诸如制度、守则、公约、承诺、誓言、条例等形式，以至标语口号之类来加以体现，既易于为从业人员所接受和实行，而且便于形成一种职业的道德习惯。

（6）自律性。从业者通过对职业道德的学习和实践，逐渐培养成较为稳固的职业道德品质，良好的职业道德形成以后，又会在工作中逐渐形成行为上的条件反射，自觉地选择有利于社会、有利于集体的行为，这种自觉就是通过自我内心职业道德意识、觉悟、信念、意志、良心的主观约束控制来实现的。

（7）他律性。道德行为具有受舆论影响的特征，在职业生涯中，从业人员随时都受到所从事职业领域的职业道德舆论的影响。实践证明，创造良好的职业道德社会氛围、职业环境，并通过职业道德舆论的宣传、监督，可以有效地促进人们自觉遵守职业道德，并实现互相监督，共同提升道德境界。

3. 职业道德的主要作用

在现代社会里，人人都是服务对象，人人又都为他人服务。社会对人的关心、社会的安宁和人们之间关系的和谐，是同各个岗位上的服务态度、服务质量密切相关的。在构建和谐社会的新形势下，大力加强社会主义职业道德建设，具有十分重要的作用。

（1）加强职业道德是提高职业人员责任心的重要途径

职业道德要求把个人理想同各行各业、各个单位的发展目标结合起来，同个人的岗位职责结合起来，以增强员工的职业观念、职业事业心和职业责任感。职业道德要求员工在本职工作中不怕艰苦，勤奋工作，既讲团结协作，又争个人贡献，既讲经济效益，又讲社会效益。加强职业道德要求紧密联系本行业本单位的实际，有针对性地解决存在的问题。

（2）加强职业道德是促进企业和谐发展的迫切要求

职业道德的基本职能是调节职能，一方面可以调节从业人员内部的关系，即运用职业道德规范约束职业内部人员的行为，促进职业内部人员的团结与合作，加强职业、行业内部人员的凝聚力；另一方面，职业道德又可以调节从业人员与服务对象之间的关系，用来塑造本职业从业人员的社会形象。

企业是具有社会性的经济组织，在企业内部存在着各种复杂的关系，这些关系既有相互协调的一面，也有矛盾冲突的一面，如果解决不好，将会影响企业的凝聚力。这就要求企业所有的员工具有较高的职业道德觉悟，从大局出发，光明磊落、相互谅解、相互宽容、相互信赖、同舟共济，而不能意气用事、互相拆台。企业内部上下级之间、部门之间、员工之间团结协作，使企业真正成为一个具有社会主义精神风貌的和谐集体。

（3）加强职业道德是提高企业竞争力的必要措施

当前市场竞争激烈，各行各业都讲经济效益，要求企业的经营者在竞争中不断开拓创新。但行业之间为了自身的利益，会产生很多新的矛盾，形成自我力量的抵消，使一些企业的经营者在竞争中单纯追求利润、产值，不求质量，或者以次充好、以假乱真，不顾社会效益，损害国家、人民和消费者的利益，企业得到的只能是短暂的收益，失去的是消费者的信任，也就失去了生存和发展的源泉，难以在竞争的激流中屹立不倒。在企业中加强职业道德使得企业在追求自身利润的同时，又能创造好的社会效益，从而提升企业形象，赢得持久而稳定的市场份额；同时，也使企业内部员工之间相互尊重、相互信任、相互合作，从而提高企业凝聚力，企业方能在竞争中稳步发展。

（4）加强职业道德是个人健康发展的基本保障

市场经济对于职业道德建设有其积极一面，也有消极的一面，它的自发性、自由性、注重经济效益的特性，导致一些人"一切向钱看"，唯利是图，不择手段追求经济效益，从而走入歧途，断送前程。提高从业人员的道德素质，树立职业理想，增强职业责任感，形成良好的职业行为，抵抗物欲诱惑，不被利欲所熏心，才能脚踏实地在本行业中追求进步。在社会主义市场经济条件下，只有具备职业道德精神的从业人员，才能在社会中站稳脚跟，成为社会的栋梁之材，在为社会创造效益的同时，也保障了自身的健康发展。

（5）加强职业道德提高全社会道德水平的重要手段

职业道德是整个社会道德的主要内容，它一方面涉及每个从业者如何对待职业，如何对待工作，同时也是一个从业人员的生活态度、价值观念的表现，是一个人的道德意识和道德行为发展到成熟阶段的体现，具有较强的稳定性和连续性。另一方面，职业道德也是一个职业集体甚至一个行业全体人员的行为表现，如果每个行业、每个职业集体都具备优良的道德，那么对整个社会道德水平的提高就会发挥重要作用。

第三节 建设行业职业道德建设

1. 加强职业道德建设，践行社会主义核心价值观

"国无德不兴，人无德不立。"习近平总书记指出："核心价值观，其实就是一种德，既是个人的德，也是一种大德，就是国家的德、社会的德。"因此，"必须加强全社会的思想道德建设，激发人们形成善良的道德意愿、道德情感，培育正确的道德判断和道德责任，提高道德实践能力尤其是自觉践行能力，引导人们向往和追求讲道德、尊道德、守道德的生活，形成向上的力量、向善的力量。"培育社会主义核心价值观，首先要培植一种有益于国家、社会、他人的道德。

党的十八大提出，倡导富强、民主、文明、和谐，倡导自由、平等、公正、法治，倡导爱国、敬业、诚信、友善，积极培

育和践行社会主义核心价值观。富强、民主、文明、和谐是国家层面的价值目标，自由、平等、公正、法治是社会层面的价值取向，爱国、敬业、诚信、友善是公民个人层面的价值准则，"富强、民主、文明、和谐；自由、平等、公正、法治；爱国、敬业、诚信、友善"，这24个字是社会主义核心价值观的基本内容。践行社会主义核心价值观对于道德建设具有重要的指导意义，而加强道德建设又对践行社会主义核心价值观发挥着基础性作用，二者互有联系，相辅相成。

建设行业是社会主义现代化建设中的一个十分重要的行业。工厂、住宅、学校、商店、医院、体育场馆、文化娱乐设施等等的建设，都离不开建设行为，它以满足人民群众日益增长的物质文化生活需要为出发点。建设行业职业道德是社会主义核心价值观、社会主义道德规范，在建设行业的具体体现。

2. 结合建设行业特点和现实，加强职业道德建设

（1）职业道德建设的行业特点

以建设行业中建筑为例，其所涉及专业多、岗位多、从业人员多且普遍文化程度较低、综合素质相对不高；条件艰苦，任务繁重，露天作业、高空作业，常年日晒雨淋，生产生活场所条件艰苦，安全设施落后和不足，作业存在安全隐患，安全事故频发；施工涉及面大，人员流动性强，四海为家，四处奔波，难以接受长期定点的培训教育；工种之间联系紧密，各专业、各工种、各岗位前后延续共同完成工程的建设；具有较强的社会性，一座建筑物，凝聚了多方面的努力，体现了其社会价值和经济价值。同时，随着国民经济的发展，建筑行业地位和作用也越来越重要，行业发展关乎国计民生。因此，对从业人员开展及时地、各类形式灵活多样的教育培训，提高道德素质、文化水平、专业知识和职业技能；结合行业特点，加强团结协作教育、服务意识教育和职业道德教育，一切为了社会广大人民和子孙后代的利益，坚持社会主义、集体主义原则，严谨务实，艰苦奋斗、多出精品优质工程，体现其社会价值和经济价值尤为重要。

（2）职业道德建设的行业现实

一个建筑物的诞生或一项工程的竣工需要有良好的设计、周密的施工、合格的建筑材料和严格的检验与监督。近几年来，一些工程出现设计结构不合理、计算偏差，不考虑相关因素，埋下重大隐患；施工过程中秩序混乱；建筑材料伪劣产品层出不穷；金钱、人情关系扰乱工程安全质量监督，质量安全事故时有发生。作为百年大计的工程建设产品，如果质量差，损失和危害将无法估量。例如5.12汶川地震中某些倒塌的问题房屋，杭州地铁坍塌，上海、石家庄在建楼房倒楼事件等。造成这些问题的因素很多，但是道德因素是其中最重要的因素之一。再如，面对激烈的市场竞争，一些建筑企业为了拿到工程项目，使用各种手段，其中手段之一就是盲目压价，用根本无法完成工程的价格去投标。中标后就在设计、施工、材料等方面做文章，启用非法设计人员搞黑设计；施工中偷工减料；材料上买低价伪劣产品，最终，使建筑物的"百年大计"大大打了折扣。因此，大力加强建设行业职业道德建设，营造市场经济良好环境，经济效益和社会效益并重尤为紧迫。

3. 建设行业职业道德要求

根据住房和城乡建设部发布的《建筑业从业人员职业道德规范（试行）》，对建筑从业人员共同职业道德规范要求如下：

（1）热爱事业，尽职尽责

热爱建筑事业，安心本职工作，树立职业责任感和荣誉感，发扬主人翁精神，尽职尽责，在生产中不怕苦，勤勤恳恳，努力完成任务。

（2）努力学习，苦练硬功

努力学文化，学知识，刻苦钻研技术，熟练掌握本工种的基本技能，练就一身过硬本领。努力学习和运用先进的施工方法，钻研建筑新技术、新工艺、新材料。

（3）精心施工，确保质量

树立"百年大计、质量第一"的思想，按设计图纸和技术规范精心操作，确保工程质量，用优良的成绩树立建安工人形象。

（4）安全生产，文明施工

树立安全生产意识，严格安全操作规程，杜绝一切违章作业现象，确保安全生产无事故。维护施工现场整洁，在争创安全文明标准化现场管理中做出贡献。

（5）节约材料，降低成本

发扬勤俭节约优良传统，在操作中珍惜一砖一木，合理使用材料，认真做好落手清、现场清，及时回收材料，努力降低工程成本。

（6）遵章守纪，维护公德

要争做文明员工，模范遵守各项规章制度，发扬团结互助精神，尽力为其他工种提供方便。

4. 特种作业人员职业道德核心内容

（1）安全第一

坚持"生产必须安全，安全为了生产"的意识。严格遵守操作规程。操作人员要强化安全意识，认真执行安全生产的法律、法规、标准和规范，严格执行操作规程和程序，杜绝一切违章作业，不野蛮施工，不乱堆乱扔。

（2）诚实守信

诚实守信作为社会主义职业道德的基本规范，是和谐社会发展的必然要求，它不仅是建设领域职工安身立命的基础，也是企业赖以生存和发展的基石。操作人员要言行一致，表里如一，真实无欺，相互信任，遵守诺言，忠实地履行自己应当承担的责任和义务。

（3）爱岗敬业

爱岗就是热爱自己的工作岗位，敬业就是要用一种恭敬严肃的态度对待自己的工作。操作人员应当热爱本职工作，不怕苦、不怕累，认真负责，集中精力，精心操作，密切配合其他工种施工，确保工程质量，使工程如期完成。这是社会对每个从业者的要求，更应当是每个从业者对自己的自觉约束。

（4）钻研技术

操作人员要努力学习科学文化知识，刻苦钻研专业技术，苦练硬功，扎实工作，熟练掌握本工作的基本技能，努力学习和运用先进的施工方法，精通本岗位业务，不断提高业务能力。

（5）保护环境

文明操作，防止损坏他人和国家财产。讲究施工环境优美，做到优质、高效、低耗。做到不乱排污水，不乱倒垃圾，不影响交通，不扰民施工。

第二章　建筑施工特种作业人员和管理

第一节　建筑施工特种作业

1. 建筑施工特种作业概念

建筑施工特种作业人员是指在房屋建筑和市政工程施工活动中，从事对本人、他人的生命健康及周围设施的安全可能造成重大危害的作业人员。

特种作业有着不同的危险因素，《中华人民共和国安全生产法》规定：生产经营单位的特种作业人员必须按照国家有关规定经专门的安全作业培训，取得相应资格，方可上岗作业。

2. 建筑施工特种作业工种

（1）住房和城乡建设部《建筑施工特种作业人员管理规定》（建质〔2008〕75 号）所确定的建筑施工特种作业包括：

1）建筑电工。

2）建筑架子工。

3）建筑起重信号司索工。

4）建筑起重机械司机。

5）建筑起重机械安装拆卸工。

6）高处作业吊篮安装拆卸工。

7）经省级以上人民政府建设主管部门认定的其他特种作业。

（2）《江苏省建筑施工特种作业人员管理暂行办法》（苏建管质〔2009〕5 号），规定了江苏省的建筑施工特种作业包括：

1）建筑电工。

2）建筑架子工。

3）建筑起重信号司索工。

4）建筑起重机械司机。

5）建筑起重机械安装拆卸工。

6）高处作业吊篮安装拆卸工。

7）建筑焊工。

8）建筑施工机械安装质量检验工。

9）桩机操作工。

10）建筑混凝土泵操作工。

11）建筑施工现场场内机动车司机。

12）其他特种作业人员。

目前，江苏省又将"建筑施工现场场内机动车司机"细分为："建筑施工现场场内叉车司机""建筑施工现场场内装载机司机""建筑施工现场场内翻斗车司机""建筑施工现场场内推土机司机""建筑施工现场场内挖掘机司机""建筑施工现场场内压路机司机""建筑施工现场场内平地机司机""建筑施工现场场内沥青混凝土摊铺机司机"等。

第二节　建筑施工特种作业人员

按照住房和城乡建设部与江苏省建设行政主管部门的规定，从事建筑施工特种作业的人员应当取得建筑施工特种作业人员操作资格证书，方可上岗从事相应作业。

1. 年龄及身体要求

年满18周岁且符合相应特种作业规定的年龄要求。

近3个月内经二级乙等以上医院体检合格且无听觉障碍、无色盲，无妨碍从事本工种的疾病（如癫痫病、高血压、心脏病、眩晕症、精神病和突发性昏厥症等）和生理缺陷。

2. 学历要求

初中及以上学历。其中，报考建筑起重机械安装质量检测工（塔式起重机、施工升降机）的人员，应符合下列条件之一：

（1）具有工程机械（建筑机械）类、电气类大专以上学历或工程机械（建筑机械）类、电气类、安全工程类助理工程师任职资格，并从事起重机设计、制造、安装调试、维修、操作、检验工作2年及其以上。

（2）具有工程机械（建筑机械）类、电气类中专、理工科（非起重专业）大专以上学历或工程机械（建筑机械）类、电气类、安全工程类技术员任职资格，并从事起重机设计、制造、安装调试、维修、操作、检验工作3年及其以上。

（3）具有高中学历并从事起重机设计、制造、安装调试、维修、操作、检验工作5年及其以上。

3. 考核要求

（1）报名

全省建筑施工特种作业人员考核、发证及管理系统集成在"江苏省建筑业监管信息平台2.0"上。建筑施工企业人员可由企业统一组织通过监管信息平台直接报名，非建筑施工企业人员向所在地考核基地报名，填报相应工种，经市县建设（筑）主管部门资格审查合格后，到经省建设行政主管部门认定的建筑施工特种作业考核基地，进行培训后参加考核。

凡申请考核、延期复核、换证的人员均须进行二代身份证信息和指脉信息采集。采集入库的二代身份证和指纹信息，将作为今后个人进行考核、延期复核、换证、查验的依据，如信息不吻合，将影响上述有关事项的办理。

企业可自行采集本企业申报人员二代身份证信息，指纹信息须由申报人员至考核基地进行现场采集。

（2）考核

建筑施工特种作业人员考核包括安全技术理论和安全操作技能。

考核内容分掌握、熟悉、了解三类。其中掌握即要求能运用相关特种作业知识解决实际问题；熟悉即要求能较深理解相关特种作业安全技术知识；了解即要求具有相关特种作业的基本知识。

（3）考核办法

1）安全技术理论考核。采用无纸化网络闭卷考试方式，考试时间为 2 小时，实行百分制，60 分为合格。其中，安全生产基本知识占 25%、专业基础知识占 25%、专业技术理论占 50%。

2）安全操作技能考核。采用实际操作（或模拟操作）、口试等方式，考核实行百分制，70 分为合格。

3）参考人员在安全技术理论考核合格后，方可参加实际操作技能考核。同一工种的实操考核时间不得早于理论考核时间，在实际操作技能考核合格后，可以取得相应的建筑施工特种作业人员操作资格。

4. 发证

（1）按照住房和城乡建设部《建筑施工特种作业人员管理规定》（建质〔2008〕75 号）的规定，考核发证机关对于考核合格的，应当自考核结果公布之日起 10 个工作日内颁发资格证书。资格证书采用国务院建设主管部门统一规定的式样，由考核发证机关编号后签发。资格证书在全国通用。

（2）江苏省建设行政主管部门从 2017 年下半年开始，试行发放"电子证书"。此项工作得到了住房和城乡建设部的同意。2017 年 10 月 18 日，江苏省政务服务管理办公室与省住房和城乡建设厅联合发文《关于启用住房城乡建设领域从业人员考核合格电子证书使用的有关通知》（省政务办发〔2017〕66号），文件规定从 2017 年 12 月 1 日起，全面启用电子证书，停发同名纸质证书。根据《中华人民共和国电子签名法》规定，可靠的电子证书具备与同名纸质证书相同效力。省住房城乡建设厅核发的电子证书，各地在公共资源交易、资质核准予以认可。

（3）电子证书式样（图 2-1）

图 2-1　电子证书的样式

第三节　建筑施工特种作业人员的权利

1. 获得劳动安全卫生的保护权利

建筑施工特种作业人员有获得用人单位提供符合国家规定的劳动安全卫生条件和必要的劳动防护用品的权利；并且有要求按照规定获得职业病健康体检、职业病诊疗、康复等职业病防治服务的权利。

2. 对安全生产状况的知情、参与和建议的权利

建筑施工特种作业人员有获得所从事的特种作业，可能面临的任何潜在危险、职业危害，安全与健康可能造成的后果的权利；有参与判别和解决所面临的劳动安全卫生问题的权利；有对本单位的安全生产和劳动安全卫生工作建议的权利。

3. 接受职业技能教育培训的权利

建筑施工特种作业人员有接受职业技能教育和安全生产知识培训的权利，以获得对工作环境、生产过程、机械设备和危险物质等方面的有关安全卫生知识。

4. 拒绝违章指挥和强令冒险作业的权利

建筑施工特种作业人员在单位领导或者有关工程技术人员违章指挥，或者在明知存在危险因素而没有采取安全保护措施，强迫命令操作人员作业时，有拒绝工作的权利。

5. 危险状态下的紧急避险权利

在生产劳动过程中，当发现危及作业人员生命安全的情况时，作业人员有权停止工作或者撤离现场。

6. 安全生产活动的监督与批评、检举、控告和申诉的权利

建筑施工特种作业人员对用人单位遵守劳动安全卫生法律法规和标准，履行保护工人安全健康的责任的情况，有监督的权利。对用人单位违反劳动安全卫生法律法规和标准，不履行其责任的情况，作业人员有批评、检举和控告的权利。在劳动保护等方面受到用人单位不公正待遇时，作业人员有权向有关部门提出申诉的权利。

对作业人员的检举、控告和申诉，建设行政主管部门和其他有关部门应当查清事实，认真处理，不得压制和打击报复。

用人单位不得因作业人员对本单位安全生产工作提出批评、检举、控告或者拒绝违章指挥、强令冒险作业及向有关部门提出申诉而降低其工资、福利等待遇或者解除与其订立的劳动合同。

7. 依法获得工伤保险的权利

生产经营单位必须依法参加工伤社会保险，为从业人员缴纳保险费。建筑施工企业必须为从事危险作业的职工办理意外伤害保险，支付保险费。当作业人员发生工伤事故时，依法获得相关保险的权利。

第四节　建筑施工特种作业人员的义务

1. 遵守有关安全生产的法律、法规和规章的义务

建筑施工特种作业人员在施工活动中，应当遵守有关安全生产的法律、法规和规章。遵守建筑施工安全强制性标准和用人单位的规章制度，严格按照操作规程操作，做到不违规作业，不违章作业。

2. 提高职业技能和安全生产操作水平的义务

建筑施工特种作业人员面对建筑施工活动中的复杂性和多样性，要不断提高职业技能水平。在未上岗之前应参加岗前技能培训和安全生产操作能力的培训，掌握安全操作知识和技能，取得相应合格证书后方可上岗工作。已在工作岗位上的人员，还必须经常性地参加有关教育培训，熟练掌握本工种的各项安全操作技能，不断提高职业技能和安全生产操作水平。

3. 遵守劳动纪律的义务

建筑施工特种作业人员应严格遵守用人单位的劳动纪律。劳动纪律是用人单位为形成和维持生产经营秩序，保证劳动合同得以履行，要求全体员工在集体劳动、工作、生活过程中以及与劳动、工作紧密相关的其他过程中必须共同遵守的规则。

4. 发现事故隐患和其他不安全因素，立即报告的义务

建筑施工特种作业人员在施工现场直接承担具体的作业活动，更容易发现事故隐患或者其他不安全因素，一旦发现事故隐患或者不安全因素，作业人员应当立即向现场安全生产管理人员或者本单位负责人报告，不得隐瞒不报或者拖延报告。如果作业人员发现所报告的事故隐患或者其他不安全因素得不到解决，作业人员也可以越级上报。

5. 完成生产任务的义务

建筑施工特种作业人员完成合理的生产任务是应尽的义务，

也是取得劳动报酬的基本条件。作业人员在完成合理生产任务的前提下，还应该保证质量，争做生产劳动的积极分子，为企业经济效益、为社会财富的积累、为国家的发展做出自己的应有贡献。

第五节　建筑施工特种作业人员的管理

根据住房和城乡建设部的规定，省、自治区、直辖市人民政府建设主管部门或者其委托的考核机构负责本行政区域内建筑施工特种作业人员的考核工作。

1. 建设行政主管部门的管理职责

（1）省建设行政主管部门的管理职责

1）负责全省范围内建筑施工特种作业人员的考核监督管理工作。

2）研究制定特种作业人员执业资格考核标准、考核大纲，建立相应工种的试题库。

3）认证特种作业人员执业资格考核基地。

4）负责特种作业人员执业资格考核工作的师资教育培训，监督管理考核考务工作。

5）负责特种作业人员执业证书的颁发和管理。

6）负责特种作业人员统计信息工作。

7）其他监督管理工作。

（2）受委托的市、县建设（筑）主管部门的管理职责

1）负责本行政区域内特种作业人员的监督管理工作，制定本地区特种作业人员考核发证管理制度，建立本地区特种作业人员档案。

2）负责考核基地的初审和考评人员的日常管理。

3）负责特种作业人员考核工作的组织实施。

4）负责特种作业人员考核、延期复核、换证的市、县分级

审核。

5）负责特种作业人员执业继续教育。

6）负责特种作业人员的统计信息工作。

7）监督检查特种作业人员的从业活动，查处违章行为并记录在档。

8）其他监督管理工作。

2. 用人单位的管理职责

（1）用人单位对于首次取得执业资格证书的人员，应当在其正式上岗前安排不少于 3 个月的实习操作。实习操作期间，用人单位应当指定专人指导和监督作业。实习操作期满经用人单位考核合格方可独立作业。（所指定的专人应当从已取得相应特种作业资格证书、从事相关工作 3 年以上、无不良记录的熟练工中选取。）

（2）与持有效执业资格证书的特种作业人员订立劳动合同。

（3）制定并落实本单位特种作业安全操作规程和安全管理制度。

（4）书面告知特种作业人员违章操作的危害。

（5）向特种作业人员提供齐全、合格的安全防护用品和安全的作业条件。

（6）组织或者委托有能力的培训机构对本单位特种作业人员进行年度安全生产教育培训或者继续教育，时间不少于 24 小时。

（7）建立本单位特种作业人员管理档案。

（8）查处特种作业人员违章行为并记录在挡。

（9）法律法规及有关规定明确的其他职责。

3. 特种作业人员应履行的职责

（1）严格遵守国家有关安全生产规定和本单位的规章制度，按照安全技术标准、规范和规程进行作业。

（2）正确佩戴和使用安全防护用品，并按规定对作业工具和设备进行维护保养。

（3）在施工中发生危及人身安全的紧急情况时，有权立即停止作业或者撤离危险区域，并向施工现场专职安全生产管理人员和项目负责人报告。

（4）自觉参加年度安全教育培训或者继续教育，每年不得少于24小时。

（5）拒绝违章指挥，并制止他人违章作业。

（6）法律法规及有关规定明确的其他职责。

4. 特种作业人员资格证书的延期

建筑施工特种作业人员执业资格证书有效期为2年。有效期满需要延期的，持证人员本人应当在期满前3个月内，向原市县考核受理机关提出申请，市县建设行政主管部门初审后，向省建设行政主管部门申请办理延期复核相关手续。延期复核合格的，证书有效期延期2年。

（1）特种作业人员申请资格证书延期复核，应当提交下列材料：

1）延期复核申请表。

2）身份证（原件和复印件）。

3）近3个月内由二级乙等以上医院出具的体检合格证明。

4）年度安全教育培训证明和继续教育证明。

5）用人单位出具的特种作业人员管理档案记录。

6）规定提交的其他资料。

（2）特种作业人员在资格证书有效期内，有下列情形之一的，延期复核结果为不合格：

1）超过相关工种规定年龄要求的。

2）身体健康状况不再适应相应特种作业岗位的。

3）对生产安全事故负有直接责任的。

4）2年内违章操作记录达3次（含3次）以上的。

5）未按规定参加年度安全教育培训或者继续教育的。

6）规定的其他情形。

（3）市县建设（筑）行政主管部门在接到特种作业人员提交的延期复核申请后，应当根据下列情况分别作出处理：

1）对于不符合延期复核申请相关情形的，市县建设（筑）主管部门自收到延期复核资料之日起5个工作日内作出不予延期决定，并说明理由；

2）对于提交资料齐全且符合延期复审申请相关情形的，省建筑主管部门自收到市县建设（筑）主管部门延期复核相关手续之日起10个工作日内办理准予延期复核手续。

（4）省建筑主管部门应当在资格证书有效期满前按相关规定作出决定，逾期未作出决定的，视为延期复核合格。

5. 特种作业人员资格证书的撤销与注销

（1）省建筑主管部门对有下列情形之一的，应当撤销资格证书

1）持证人弄虚作假骗取资格证书或者办理延期手续的。

2）工作人员违法核发资格证书的。

3）持证人员因安全生产责任事故承担刑事责任的。

4）规定应当撤销的其他情形。

（2）省建筑主管部门对有下列情形之一的，应当注销资格证书

1）按规定不予延期的。

2）持证人逾期未申请办理延期复核手续的。

3）持证人死亡或者不具有完全民事行为能力的。

4）本人提出要求的。

5）规定应当注销的其他情形。

6. 特种作业人员管理的其他要求

（1）持有特种作业资格证书的执业人员，应当受聘于建筑施工企业或者建筑起重机械出租单位（以下简称用人单位），方可从事相应的特种作业。

（2）任何单位和个人不得非法涂改、倒卖、出租、出借或者以其他形式转让资格证书。

（3）特种作业人员变动工作单位，任何单位和个人不得以任何理由非法扣押其执业资格证书。

（4）各地应当建立举报制度，公开举报电话或者电子信箱，受理有关特种作业人员考核、发证以及延期复核的举报。对受理的举报，有关机关和工作人员应当及时妥善处理。

第三章　建筑施工安全生产相关法规及管理制度

第一节　建筑安全生产相关法律主要内容

《中华人民共和国宪法》规定：国家通过各种途径，创造劳动就业条件，加强劳动保护，改善劳动条件，并在发展生产的基础上，提高劳动报酬和福利待遇。

劳动是一切有劳动能力的公民的光荣职责。国有企业和城乡集体经济组织的劳动者都应当以国家主人翁的态度对待自己的劳动。国家提倡社会主义劳动竞赛，奖励劳动模范和先进工作者。

1.《中华人民共和国建筑法》相关内容

（1）建筑活动应当确保建筑工程质量和安全，符合国家的建筑工程安全标准。

（2）从事建筑活动应当遵守法律、法规，不得损害社会公共利益和他人的合法权益。

（3）建筑工程安全生产管理必须坚持安全第一、预防为主的方针，建立健全安全生产的责任制度和群防群治制度。

（4）建筑施工企业应当在施工现场采取维护安全、防范危险、预防火灾等措施；有条件的，应当对施工现场实行封闭管理。

施工现场对毗邻的建筑物、构筑物和特殊作业环境可能造成损害的，建筑施工企业应当采取安全防护措施。

（5）建筑施工企业应当遵守有关环境保护和安全生产的法律、法规的规定，采取控制和处理施工现场的各种粉尘、废气、废水、固体废物以及噪声、振动对环境的污染和危害的措施。

（6）建筑施工企业必须依法加强对建筑安全生产的管理，执行安全生产责任制度，采取有效措施，防止伤亡和其他安全生产事故的发生。

建筑施工企业的法定代表人对本企业的安全生产负责。

（7）施工现场安全由建筑施工企业负责。实行施工总承包的，由总承包单位负责。分包单位向总承包单位负责，服从总承包单位对施工现场的安全生产管理。

（8）建筑施工企业应当建立健全劳动安全生产教育培训制度，加强对职工安全生产的教育培训；未经安全生产教育培训的人员，不得上岗作业。

（9）建筑施工企业和作业人员在施工过程中，应当遵守有关安全生产的法律、法规和建筑行业安全规章、规程，不得违章指挥或者违章作业。作业人员有权对影响人身健康的作业程序和作业条件提出改进意见，有权获得安全生产所需的防护用品。作业人员对危及生命安全和人身健康的行为有权提出批评、检举和控告。

（10）建筑施工企业必须为从事危险作业的职工办理意外伤害保险，支付保险费。

（11）施工中发生事故时，建筑施工企业应当采取紧急措施减少人员伤亡和事故损失，并按照国家有关规定及时向有关部门报告。

2. 《中华人民共和国安全生产法》相关内容

（1）生产经营单位必须遵守本法和其他有关安全生产的法律、法规，加强安全生产管理，建立、健全安全生产责任制和安全生产规章制度，改善安全生产条件，推进安全生产标准化建设，提高安全生产水平，确保安全生产。

（2）有关协会组织依照法律、行政法规和章程，为生产经营单位提供安全生产方面的信息、培训等服务，发挥自律作用，促进生产经营单位加强安全生产管理。

（3）国家实行生产安全事故责任追究制度，依照本法和有关法律、法规的规定，追究生产安全事故责任人员的法律责任。

（4）生产经营单位应当对从业人员进行安全生产教育和培训，保证从业人员具备必要的安全生产知识，熟悉有关的安全生产规章制度和安全操作规程，掌握本岗位的安全操作技能，了解事故应急处理措施，知悉自身在安全生产方面的权利和义务。未经安全生产教育和培训合格的从业人员，不得上岗作业。

（5）生产经营单位的特种作业人员必须按照国家有关规定经专门的安全作业培训，取得相应资格，方可上岗作业。

（6）生产经营单位应当建立健全生产安全事故隐患排查治理制度，采取技术、管理措施，及时发现并消除事故隐患。事故隐患排查治理情况应当如实记录，并向从业人员通报。

（7）承担安全评价、认证、检测、检验的机构应当具备国家规定的资质条件，并对其作出的安全评价、认证、检测、检验的结果负责。

（8）负有安全生产监督管理职责的部门应当建立举报制度，公开举报电话、信箱或者电子邮件地址，受理有关安全生产的举报；受理的举报事项经调查核实后，应当形成书面材料；需要落实整改措施的，报经有关负责人签字并督促落实。

（9）任何单位或者个人对事故隐患或者安全生产违法行为，均有权向负有安全生产监督管理职责的部门报告或者举报。

（10）新闻、出版、广播、电影、电视等单位有进行安全生产宣传教育的义务，有对违反安全生产法律、法规的行为进行舆论监督的权利。

3.《中华人民共和国特种设备安全法》相关内容

（1）特种设备生产、经营、使用单位应当遵守本法和其他有关法律、法规，建立、健全特种设备安全和节能责任制度，加强特种设备安全和节能管理，确保特种设备生产、经营、使用安全，符合节能要求。

（2）任何单位和个人有权向负责特种设备安全监督管理的部门和有关部门举报涉及特种设备安全的违法行为，接到举报的部门应当及时处理。

（3）特种设备生产、经营、使用单位及其主要负责人对其生产、经营、使用的特种设备安全负责。

特种设备生产、经营、使用单位应当按照国家有关规定配备特种设备安全管理人员、检测人员和作业人员，并对其进行必要的安全教育和技能培训。

（4）特种设备安全管理人员、检测人员和作业人员应当按照国家有关规定取得相应资格，方可从事相关工作。特种设备安全管理人员、检测人员和作业人员应当严格执行安全技术规范和管理制度，保证特种设备安全。

（5）特种设备使用单位应当建立岗位责任、隐患治理、应急救援等安全管理制度，制定操作规程，保证特种设备安全运行。

（6）特种设备使用单位应当建立特种设备安全技术档案。

安全技术档案应当包括以下内容：

1）特种设备的设计文件、产品质量合格证明、安装及使用维护保养说明、监督检验证明等相关技术资料和文件；

2）特种设备的定期检验和定期自行检查记录；

3）特种设备的日常使用状况记录；

4）特种设备及其附属仪器仪表的维护保养记录；

5）特种设备的运行故障和事故记录。

（7）特种设备的使用应当具有规定的安全距离、安全防护措施。

（8）特种设备使用单位应当对其使用的特种设备进行经常性维护保养和定期自行检查，并作出记录。

特种设备使用单位应当对其使用的特种设备的安全附件、安全保护装置进行定期校验、检修，并作出记录。

（9）特种设备使用单位应当按照安全技术规范的要求，在检验合格有效期届满前一个月向特种设备检验机构提出定期检验要求。

特种设备检验机构接到定期检验要求后，应当按照安全技术规范的要求及时进行安全性能检验。特种设备使用单位应当将定期检验标志置于该特种设备的显著位置。

未经定期检验或者检验不合格的特种设备，不得继续使用。

（10）特种设备安全管理人员应当对特种设备使用状况进行经常性检查，发现问题应当立即处理；情况紧急时，可以决定停止使用特种设备并及时报告本单位有关负责人。

特种设备作业人员在作业过程中发现事故隐患或者其他不安全因素，应当立即向特种设备安全管理人员和单位有关负责人报告；特种设备运行不正常时，特种设备作业人员应当按照操作规程采取有效措施保证安全。

（11）特种设备出现故障或者发生异常情况，特种设备使用单位应当对其进行全面检查，消除事故隐患，方可继续使用。

（12）负责特种设备安全监督管理的部门在依法履行监督检查职责时，可以行使下列职权：

1）进入现场进行检查，向特种设备生产、经营、使用单位和检验、检测机构的主要负责人和其他有关人员调查、了解有关情况；

2）根据举报或者取得的涉嫌违法证据，查阅、复制特种设备生产、经营、使用单位和检验、检测机构的有关合同、发票、账簿以及其他有关资料；

3）对有证据表明不符合安全技术规范要求或者存在严重事故隐患的特种设备实施查封、扣押；

4）对流入市场的达到报废条件或者已经报废的特种设备实施查封、扣押；

5）对违反本法规定的行为作出行政处罚决定。

（13）特种设备使用单位应当制定特种设备事故应急专项预案，并定期进行应急演练。

（14）特种设备发生事故后，事故发生单位应当按照应急预案采取措施，组织抢救，防止事故扩大，减少人员伤亡和财产损失，保护事故现场和有关证据，并及时向事故发生地县级以上人民政府负责特种设备安全监督管理的部门和有关部门报告。

与事故相关的单位和人员不得迟报、谎报或者瞒报事故情况，不得隐匿、毁灭有关证据或者故意破坏事故现场。

4.《中华人民共和国劳动合同法》相关内容

（1）用人单位自用工之日起即与劳动者建立劳动关系。用人单位应当建立职工名册备查。

（2）用人单位招用劳动者时，应当如实告知劳动者工作内容、工作条件、工作地点、职业危害、安全生产状况、劳动报酬，以及劳动者要求了解的其他情况；用人单位有权了解劳动者与劳动合同直接相关的基本情况，劳动者应当如实说明。

（3）用人单位招用劳动者，不得扣押劳动者的居民身份证和其他证件，不得要求劳动者提供担保或者以其他名义向劳动者收取财物。

（4）建立劳动关系，应当订立书面劳动合同。

已建立劳动关系，未同时订立书面劳动合同的，应当自用工之日起一个月内订立书面劳动合同。

用人单位与劳动者在用工前订立劳动合同的，劳动关系自用工之日起建立。

（5）劳动合同无效或者部分无效的情形：

1）以欺诈、胁迫的手段或者乘人之危，使对方在违背真实意思的情况下订立或者变更劳动合同的；

2）用人单位免除自己的法定责任、排除劳动者权利的；

3）违反法律、行政法规强制性规定的。

对劳动合同的无效或者部分无效有争议的，由劳动争议仲裁机构或者人民法院确认。

（6）用人单位应当按照劳动合同约定和国家规定，向劳动者及时足额支付劳动报酬。

用人单位拖欠或者未足额支付劳动报酬的，劳动者可以依法向当地人民法院申请支付令，人民法院应当依法发出支付令。

（7）用人单位应当严格执行劳动定额标准，不得强迫或者变相强迫劳动者加班。用人单位安排加班的，应当按照国家有关规定向劳动者支付加班费。

（8）劳动者拒绝用人单位管理人员违章指挥、强令冒险作业的，不视为违反劳动合同。

劳动者对危害生命安全和身体健康的劳动条件，有权对用人单位提出批评、检举和控告。

5.《中华人民共和国刑法》相关内容

（1）【重大责任事故罪】在生产、作业中违反有关安全管理的规定，因而发生重大伤亡事故或者造成其他严重后果的，处三年以下有期徒刑或者拘役；情节特别恶劣的，处三年以上七年以下有期徒刑。

（2）【强令违章冒险作业罪】强令他人违章冒险作业，因而发生重大伤亡事故或者造成其他严重后果的，处五年以下有期徒刑或者拘役；情节特别恶劣的，处五年以上有期徒刑。

（3）【重大劳动安全事故罪】安全生产设施或者安全生产条件不符合国家规定，因而发生重大伤亡事故或者造成其他严重后果的，对直接负责的主管人员和其他直接责任人员，处三年以下有期徒刑或者拘役；情节特别恶劣的，处三年以上七年以下有期徒刑。

（4）【工程重大安全事故罪】建设单位、设计单位、施工单位、工程监理单位违反国家规定，降低工程质量标准，造成重大安全事故的，对直接责任人员，处五年以下有期徒刑或者拘役，并处罚金；后果特别严重的，处五年以上十年以下有期徒刑，并处罚金。

（5）【消防责任事故罪】违反消防管理法规，经消防监督机构通知采取改正措施而拒绝执行，造成严重后果的，对直接责任人员，处三年以下有期徒刑或者拘役；后果特别严重的，处三年以上七年以下有期徒刑。

（6）【不报、谎报安全事故罪】在安全事故发生后，负有报告职责的人员不报或者谎报事故情况，贻误事故抢救，情节严重的，处三年以下有期徒刑或者拘役；情节特别严重的，处三年以上七年以下有期徒刑。

第二节　建筑安全生产相关法规主要内容

1. 《建设工程安全生产管理条例》

条例规定了施工单位的相关安全责任，包括：依法取得资质和承揽工程；建立健全安全生产制度和操作规程；保证本单位安全生产条件所需资金的投入；设立安全生产管理机构，配备专职安全生产管理人员；总承包单位对施工现场的安全生产负总责；总承包单位和分包单位对分包工程的安全生产承担连带责任；特种作业人员必须按照国家有关规定经过专门的安全作业培训，并取得特种作业操作资格证书；施工单位的施工组织设计及专项施工方案管理责任；建设工程施工安全技术交底责任；施工现场、办公、生活区安全文明管理责任；相邻建筑物及环保管理责任；施工现场防火管理责任；施工作业人员安全防护及劳保管理责任；施工机械管理责任；施工单位的主要负责人、项目负责人、专职安全生产管理人员任职管理责任；施工单位应当对管理人员和作业人员的安全生产教育培训管理责任；施工单位应当为施工现场从事危险作业的人员办理意外伤害保险等相关安全责任。

相关内容：

（1）垂直运输机械作业人员、安装拆卸工、爆破作业人员、起重信号工、登高架设作业人员等特种作业人员，必须按照国家有关规定经过专门的安全作业培训，并取得特种作业操作资格证书后，方可上岗作业。

（2）施工单位应当在施工现场入口处、施工起重机械、临时用电设施、脚手架、出入通道口、楼梯口、电梯井口、孔洞口、桥梁口、隧道口、基坑边沿、爆破物及有害危险气体和液体存放处等危险部位，设置明显的安全警示标志。安全警示标志必须符合国家标准。

施工单位应当根据不同施工阶段和周围环境及季节、气候的变化，在施工现场采取相应的安全施工措施。施工现场暂时停止施工的，施工单位应当做好现场防护，所需费用由责任方承担，或者按照合同约定执行。

（3）施工单位应当向作业人员提供安全防护用具和安全防护服装，并书面告知危险岗位的操作规程和违章操作的危害。

作业人员有权对施工现场的作业条件、作业程序和作业方式中存在的安全问题提出批评、检举和控告，有权拒绝违章指挥和强令冒险作业。

在施工中发生危及人身安全的紧急情况时，作业人员有权立即停止作业或者在采取必要的应急措施后撤离危险区域。

2.《生产安全事故报告和调查处理条例》

条例对事故报告，事故调查，事故等级及事故处理作出了规定。

相关内容：

（1）根据生产安全事故造成的人员伤亡或者直接经济损失，事故一般分为以下等级：

1）特别重大事故，是指造成30人（含30人）以上死亡，或者100人（含100人）以上重伤（包括急性工业中毒，下同），或者1亿元（含1亿元）以上直接经济损失的事故；

2）重大事故，是指造成10人（含10人）以上30人以下死亡，或者50人（含50人）以上100人以下重伤，或者5000万元（含5000万元）以上1亿元以下直接经济损失的事故；

3）较大事故，是指造成3人（含3人）以上10人以下死亡，或者10人（含10人）以上50人以下重伤，或者1000万元（含1000万元）以上5000万元以下直接经济损失的事故；

4）一般事故，是指造成3人以下死亡，或者10人以下重伤，或者1000万元以下直接经济损失的事故。

（2）事故发生后，事故现场有关人员应当立即向本单位负责人报告；单位负责人接到报告后，应当于1小时内向事故发生地县级以上人民政府安全生产监督管理部门和负有安全生产监督管理职责的有关部门报告。

情况紧急时，事故现场有关人员可以直接向事故发生地县级以上人民政府安全生产监督管理部门和负有安全生产监督管理职责的有关部门报告。

（3）事故调查组有权向有关单位和个人了解与事故有关的情况，并要求其提供相关文件、资料，有关单位和个人不得拒绝。

事故发生单位的负责人和有关人员在事故调查期间不得擅离职守，并应当随时接受事故调查组的询问，如实提供有关情况。

事故调查中发现涉嫌犯罪的，事故调查组应当及时将有关材料或者其复印件移交司法机关处理。

3.《特种设备安全监察条例》

（1）特种设备生产、使用单位应当建立健全特种设备安全、节能管理制度和岗位安全、节能责任制度。

特种设备生产、使用单位的主要负责人应当对本单位特种设备的安全和节能全面负责。

特种设备生产、使用单位和特种设备检验检测机构，应当接受特种设备安全监督管理部门依法进行的特种设备安全监察。

（2）特种设备出现故障或者发生异常情况，使用单位应当对其进行全面检查，消除事故隐患后，方可重新投入使用。

（3）特种设备使用单位应当对特种设备作业人员进行特种设备安全、节能教育和培训，保证特种设备作业人员具备必要的特种设备安全、节能知识。

特种设备作业人员在作业中应当严格执行特种设备的操作规程和有关的安全规章制度。

（4）特种设备作业人员在作业过程中发现事故隐患或者其他不安全因素，应当立即向现场安全管理人员和单位有关负责人报告。

第三节 建筑安全生产相关规章及规范性文件主要内容

1.《建筑起重机械安全监督管理规定》

（1）使用单位应当履行下列安全职责：

1）根据不同施工阶段、周围环境以及季节、气候的变化，对建筑起重机械采取相应的安全防护措施；

2）制定建筑起重机械生产安全事故应急救援预案；

3）在建筑起重机械活动范围内设置明显的安全警示标志，对集中作业区做好安全防护；

4）设置相应的设备管理机构或者配备专职的设备管理人员；

5）指定专职设备管理人员、专职安全生产管理人员进行现场监督检查；

6）建筑起重机械出现故障或者发生异常情况的，立即停止使用，消除故障和事故隐患后，方可重新投入使用。

（2）使用单位应当对在用的建筑起重机械及其安全保护装置、吊具、索具等进行经常性和定期的检查、维护和保养，并做好记录。

（3）禁止擅自在建筑起重机械上安装非原制造厂制造的标准节和附着装置。

（4）建筑起重机械特种作业人员应当遵守建筑起重机械安全操作规程和安全管理制度，在作业中有权拒绝违章指挥和强令冒险作业，有权在发生危及人身安全的紧急情况时立即停止作业或者采取必要的应急措施后撤离危险区域。

（5）建筑起重机械安装拆卸工、起重信号工、起重司机、司索工等特种作业人员应当经建设主管部门考核合格，并取得特种作业操作资格证书后，方可上岗作业。

省、自治区、直辖市人民政府建设主管部门负责组织实施建筑施工企业特种作业人员的考核。

2. 《危险性较大的分部分项工程安全管理办法》

办法对危险性较大的分部分项工程，即房屋建筑和市政基础设施工程在施工过程中，容易导致人员群死群伤或者造成重大经济损失的分部分项工程的前期保障、专项施工方案、现场安全管理及监督管理明确了具体要求。

（1）施工单位应当在施工现场显著位置公告危大工程名称、施工时间和具体责任人员，并在危险区域设置安全警示标志。

（2）专项施工方案实施前，编制人员或者项目技术负责人应当向施工现场管理人员进行方案交底。

施工现场管理人员应当向作业人员进行安全技术交底，并由双方和项目专职安全生产管理人员共同签字确认。

（3）施工单位应当对危大工程施工作业人员进行登记，项目负责人应当在施工现场履职。

项目专职安全生产管理人员应当对专项施工方案实施情况进行现场监督，对未按照专项施工方案施工的，应当要求立即整改，并及时报告项目负责人，项目负责人应当及时组织限期整改。

施工单位应当按照规定对危大工程进行施工监测和安全巡视，发现危及人身安全的紧急情况，应当立即组织作业人员撤离危险区域。

（4）危大工程发生险情或者事故时，施工单位应当立即采取应急处置措施，并报告工程所在地住房城乡建设主管部门。建设、勘察、设计、监理等单位应当配合施工单位开展应急抢险工作。

第四章 建筑施工安全防护基本知识

第一节 个人安全防护用品的使用

1. 安全帽

安全帽是对人的头部受坠落物及其他特定因素引起的伤害起防护作用的防护用品。由帽壳、帽衬、下颌带和帽箍等组成。

施工现场工人必须佩戴安全帽。

（1）安全帽的作用

主要是为了保护头部不受到伤害。并在出现以下几种情况时保护人的头部不受伤害或降低头部伤害的程度。

1）飞来或坠落下来的物体击向头部时；

2）当作业人员从 2m 及以上的高处坠落下来时；

3）当头部有可能触电时；

4）在低矮的部位行走或作业，头部有可能碰到尖锐、坚硬的物体时。

（2）安全帽佩戴注意事项

安全帽的佩戴要符合标准，使用应符合规定。佩戴时要注意下列事项：

1）戴安全帽前应将调整带按自己头型调整到适合的位置，然后将帽内弹性带系牢。缓冲衬垫的松紧由带子调节，人的头顶和帽体内顶部的空间垂直距离一般在 25～50mm 之间。这样才能保证当遭受到冲击时，帽体有足够的空间可供缓冲，平时也有利于头和帽体间的通风。

2）不要把安全帽歪戴，也不要把帽檐戴在脑后方。否则，会降低安全帽对于冲击的防护作用。

3）为充分发挥保护力，安全帽佩戴时必须按头号围的大小调整帽箍并系紧下颌带。

4）安全帽体顶部除了在帽体内部安装了帽衬外，有的还开了小孔通风。但在使用时不要为了透气而随便再行开孔，因为这样会降低帽体的强度。

5）安全帽要定期检查。检查有没有龟裂、下凹、裂痕和磨损等情况，发现异常现象要立即更换，不准再继续使用。任何受过重击、有裂痕的安全帽，不论有无损坏现象，均应报废。

6）在现场室内作业也要戴安全帽，特别是在室内带电作业时，更要认真戴好安全帽，因为安全帽不但可以防碰撞，而且还能起到绝缘作用。

7）平时使用安全帽时应保持整洁，不能接触火源，不要任意涂刷油漆，不准当凳子坐。如果丢失或损坏，必须立即补发或更换，无安全帽一律不准进入施工现场。

2. 安全带

安全带是用于防止高处作业人员发生坠落或发生坠落后将作业人员安全悬挂的个体防护装备。主要由安全绳、缓冲器、主带、辅带等部件组成。

为了防止作业者在某个高度和位置上可能出现的坠落，作业者在登高和高处作业时，必须系挂好安全带。安全带的使用和维护有以下几点要求：

（1）高处作业施工前，应对作业人员进行安全技术教育及交底，并应配备相应防护用品。作业人员应从思想上重视安全带的作用，作业前必须按规定要求系好安全带。

（2）安全带在使用前要检查各部位是否完好无损，所有零部件应顺滑，无材料或制造缺陷，无尖角或锋利边缘。

（3）挂点强度应满足安全带的负荷要求，挂点不是安全带的组成部分，但同安全带的使用密切相关。高处作业如无固定挂点，应采用适当强度的钢丝绳或采取其他方法悬挂。禁止挂在移动或带尖锐棱角或不牢固的物件上。

（4）高挂低用。将安全带挂在高处，人在下面工作就叫高挂低用。它可以使坠落发生时的实际冲击距离减小。与之相反的是低挂高用。因为当坠落发生时，实际冲击的距离会加大，人和绳都要受到较大的冲击负荷。所以安全带必须高挂低用，严禁低挂高用。

（5）安全带绳保护套要保持完好，以防绳被磨损。若发现保护套损坏或脱落，必须加上新套后再使用。

（6）安全带严禁擅自接长使用。如果使用 3m 及以上的长绳时必须要加缓冲器，各部件不得任意拆除。

（7）安全带在使用后，要注意维护和保管。要经常检查安全带缝制部分和挂钩部分，必须详细检查捻线是否发生裂断和残损等。

（8）安全带不使用时要妥善保管，不可接触高温、明火、强酸、强碱或尖锐物体，不要存放在潮湿的仓库中保管。

（9）安全带在使用两年后应抽验一次，频繁使用应经常进行外观检查，发现异常必须立即更换。定期或抽样试验用过的安全带，不准再继续使用。

3. 防护服

建筑施工现场作业人员应穿着工作服。焊工的工作服一般为白色，其他工种的工作服没有颜色的限制。

（1）防护服的分类

建筑施工现场的防护服主要有以下几类：

1）全身防护型工作服；

2）防毒工作服；

3）耐酸工作服；

4）耐火工作服；

5）隔热工作服；

6）通气冷却工作服；

7）通水冷却工作服；

8）防射线工作服；

9）劳动防护雨衣；

10）普通工作服。

（2）防护服的穿着

施工现场对作业人员防护服的穿着要求主要有：

1）作业人员作业时必须穿着工作服；

2）操作转动机械时，袖口必须扎紧；

3）从事特殊作业的人员必须穿着特殊作业防护服；

4）焊工工作服应是白色帆布制作。

4. 防护鞋

防护鞋的种类比较多，应根据作业场所和内容的不同选择使用。电力建设施工现场上常用的有绝缘靴（鞋）、焊接防护鞋、耐酸碱橡胶靴及皮安全鞋等。

对绝缘鞋的要求有：

（1）必须在规定的电压范围内使用；

（2）绝缘鞋（靴）胶料部分无破损，且每半年作一次预防性试验；

（3）在浸水、油、酸、碱等条件上不得作为辅助安全用具使用。

5. 防护手套

使用防护手套时，必须对工件、设备及作业情况分析之后，选择适当材料制作的、操作方便的手套，方能起到保护作用。施工现场上常用的防护手套有下列几种：

（1）劳动保护手套。具有保护手和手臂的功能，作业人员工作时一般都使用这类手套。

（2）带电作业用绝缘手套。要根据电压选择适当的手套，检查表面有无裂痕、发黏、发脆等缺陷，如有异常禁止使用。

（3）耐酸、耐碱手套。主要用于接触酸和碱时戴的手套。

（4）橡胶耐油手套。主要用于接触矿物油、植物油及脂肪簇的各种溶剂作业时戴的手套。

（5）焊工手套。电、火焊工作业时戴的防护手套，应检查皮革或帆布表面有无僵硬、洞眼等残缺现象，如有缺陷，不准使用。手套要有足够的长度，手腕部不能裸露在外边。

第二节　安全色与安全标志

安全色和安全标志是国家规定的两个传递安全信息的标准。尽管安全色和安全标志是一种消极的、被动的防御性的安全警告装置，并不能消除、控制危险，不能取代其他防范安全生产事故的各种措施，但它们形象而醒目地向人们提供了禁止、警告、指令、提示等安全信息，对于预防安全生产事故的发生具有重要作用。

1. 安全色的概念

安全色，就是传递安全信息含义的颜色，包括红、蓝、黄、绿四种颜色。对比色，是使安全色更加醒目的反衬色，包括黑、白两种颜色。对比色要与安全色同时使用。

安全色适用于工业企业、交通运输、建筑、消防、仓库、医院及剧场等公共场所使用的信号和标志的表面色，不适用于灯光信号、航海、内河航运以及其他目的而使用的颜色。

2. 安全色的含义

安全色的红、蓝、黄、绿四种颜色，分别代表不同的含义。

（1）红色。表示禁止、停止、危险以及消防设备的意思。凡是禁止、停止、消防和有危险的器件或环境均应涂以红色的标记作为警示的信号。

（2）蓝色。表示指令，要求人们必须遵守的规定。

（3）黄色。表示提醒人们注意。凡是警告人们注意的器件、设备及环境都应以黄色表示。

（4）绿色。表示给人们提供允许、安全的信息。

（5）对比色与安全色同时使用。

（6）安全色与对比色的相间条纹。

红色与白色相间条纹——表示禁止人们进入危险环境。

黄色与黑色相间条纹——表示提示人们特别注意的意思。

蓝色和白色相间条纹——表示必须遵守规定的意思。

绿色和白色相间条纹——与提示标志牌同时使用，更为醒目地提示人们。

3. 安全色的使用

安全色的使用范围很广，可以使用在安全标志上，也可以直接使用在机械设备上；可以在室内使用，也可以在户外使用。如红色的，各种禁止标志；黄色的，各种警告标志；蓝色的，各种指令标志；绿色的，各种提示标志等等。

安全色有规定的颜色范围，超出范围就不符合安全色的要求。颜色范围所规定的安全色是最不容易互相混淆的颜色。对比色是为了使安全色更加醒目而采用的反衬色，它的作用是提高物体颜色的对比度。

4. 安全标志的概念

安全标志是用以表达特定安全信息的标志，由图形符号、安全色、几何图形（边框）或文字构成。

安全标志适用于工矿企业、建筑工地、厂内运输和其他有必要提醒人们注意安全的场所。使用安全标志，能够引起人们对不安全因素的注意，从而达到预防事故、保证安全的目的。但是，安全标志的使用只是起到提示、提醒的作用，它不能代替安全操作规程，也不能代替其他的安全防护措施。

5. 安全标志的种类

安全标志分禁止标志、警告标志、指令标志和提醒标志四大类型。

（1）禁止标志。禁止标志的含义是禁止人们安全行为的图形标志。其基本形式是带斜杠的圆边框，采用红色作为安全色。

（2）警告标志。警告标志的基本含义是提醒人们对周围环境引起注意，以避免可能发生危险的图形标志。其基本形式是正三角形边框，采用黄色作为安全色。

（3）指令标志。指令标志的含义是强制人们必须做出某种动作或采用防范措施的图形标志。其基本形式是圆形边框，采用蓝色作为安全色。

（4）提示标志。提示标志的含义是向人们提供某种信息（如标明安全设施或场所等）的图形标志。其基本形式是正方形边框，采用绿色作为安全色。

第三节　高处作业安全知识

1. 高处作业的基本概念

凡在坠落高度基准面 2m 及以上，有可能坠落的高处进行的作业，均称为高处作业。

2. 建筑施工高处作业常见形式及安全措施

（1）临边作业

临边作业是指在工作面边沿无围护或围护设施高度低于 800mm 的高处作业，包括楼板边、楼梯段边、屋面边、阳台边、各类坑、沟、槽等边沿的高处作业。

进行临边作业时，应在临空一侧设置防护栏杆，并应采用密目式安全立网或工具式栏板封闭。

1）分层施工的楼梯口、楼梯平台和梯段边，应安装防护栏杆；外设楼梯口、楼梯平台和梯段边还应采用密目式安全立网封闭。

2）建筑物外围边沿处，应采用密目式安全立网进行全封闭，有外脚手架的工程，密目式安全立网应设置在脚手架外侧立杆上，并与脚手杆紧密连接；没有外脚手架的工程，应采用密目式安全立网将临边全封闭。

3）施工升降机、龙门架和井架物料提升机等各类垂直运输设备设施与建筑物间设置的通道平台两侧边，应设置防护栏杆、挡脚板，并应采用密目式安全立网或工具式栏板封闭。

4）各类垂直运输接料平台口应设置高度不低于 1.80m 的楼

层防护门，并应设置防外开装置；多笼井架物料提升机通道中间，应分别设置隔离设施。

（2）洞口作业

洞口作业是指在地面、楼面、屋面和墙面等有可能使人和物料坠落，其坠落高度大于或等于 2m 的洞口处的高处作业。

在洞口作业时，应采取防坠落措施，并应符合下列规定：

1）当垂直洞口短边边长小于 500mm 时，应采取封堵措施；当垂直洞口短边边长大于或等于 500mm 时，应在临空一侧设置高度不小于 1.2m 的防护栏杆，并应采用密目式安全立网或工具式栏板封闭，设置挡脚板；

2）当非垂直洞口短边尺寸为 25～500mm 时，应采用承载力满足使用要求的盖板覆盖，盖板四周搁置应均衡，且应防止盖板移位；

3）当非垂直洞口短边边长为 500～1500mm 时，应采用专项设计盖板覆盖，并应采取固定措施；

4）当非垂直洞口短边边长大于或等于 1500mm 时，应在洞口作业侧设置高度不小于 1.2m 的防护栏杆，并应采用密目式安全立网或工具式栏板封闭；洞口应采用安全平网封闭。

5）电梯井口应设置防护门，其高度不应小于 1.5m，防护门底端距地面高度不应大于 50mm，并应设置挡脚板。

6）在进入电梯安装施工工序之前，同时井道内应每隔 10m 且不大于 2 层加设一道水平安全网。电梯井内的施工层上部，应设置隔离防护设施。

7）施工现场通道附近的洞口、坑、沟、槽、高处临边等危险作业处，应悬挂安全警示标志外，夜间应设灯光警示。

8）边长不大于 500mm 洞口所加盖板，应能承受不小于 1.1kN/㎡ 的荷载。

9）墙面等处落地的竖向洞口、窗台高度低于 800mm 的竖向洞口及框架结构在浇筑完混凝土没有砌筑墙体时的洞口，应按临边防护要求设置防护栏杆。

（3）攀登作业

攀登作业是指借助登高用具或登高设施进行的高处作业。攀登作业应注意以下事项：

1）攀登的用具，结构构造上必须牢固可靠。

2）梯子底部应坚实，并有防滑措施，不得垫高使用，梯子的上端应有固定措施。

3）单梯不得垫高使用，使用时应与水平面成75°夹角，踏步不得缺失，其间距宜为300mm。当梯子需接长使用时，应有可靠的连接措施，接头不得超过1处。连接后梯梁的强度，不应低于单梯梯梁的强度。

4）固定式直爬梯应用金属材料制成。使用直爬梯进行攀登作业时，攀登高度以5m为宜，超过8m时，应设置梯间平台。

5）上下梯子时，必须面向梯子，且不得手持器物。

（4）交叉作业

交叉作业是指垂直空间贯通状态下，可能造成人员或物体坠落，并处于坠落半径范围内、上下左右不同层面的立体作业。交叉作业时应注意以下事项：

1）各工种进行上下立体交叉作业时，不得在同一垂直方向上操作，下层作业的位置，必须处于依上层高度确定的可能坠落半径范围之外，不符合以上条件时，应设安全防护层。

2）钢模板、脚手架拆除时，下方不得有人施工。

3）模板拆除后，临边堆放处离楼层边沿不应小于1m，堆放高度不得超过1m，楼层边口、通道口、脚手架边缘等处，严禁堆放任何物件。

4）结构施工自2层起，凡人员进出的通道口（包括井架、施工电梯的进出通道口），均应搭设双层防护棚。

5）在建建筑物旁或在塔机吊臂回转半径之内的主要通道，临时设施，钢筋、木工作业区等必须搭设双层防护棚。

第五章　施工现场消防基本知识

第一节　施工现场消防知识概述及常用消防器材

1. 施工现场消防知识概述

我国消防工作实行预防为主、消防结合的方针。按照政府统一领导、部门依法监管、单位全面负责、公民积极参与的原则，实行消防安全责任制，建立健全社会化的消防工作网络。

建设工程施工现场的防火，必须遵循国家有关方针、政策，针对不同施工现场的火灾特点，立足自防自救，采取可靠防火措施，做到安全可靠、经济合理、方便适用。

燃烧的发生必须具备三个条件，即：可燃物、助燃物和着火源。因此，制止火灾发生的基本措施包括：

（1）控制可燃物，以难燃或不燃的材料代替易燃或可燃的。

（2）隔绝空气，使用易燃物质的生产应密闭的设备中进行。

（3）消除着火源。

（4）阻止火势蔓延，在建筑物之间筑防火墙，设防火间距，防止火灾扩大。

2. 建筑施工现场消防器材的配置和使用

（1）在建工程及临时用房的下列场所应配置灭火器：

1）易燃易爆危险品存放及使用场所；

2）动火作业场所；

3）可燃材料存放、加工及使用场所；

4）厨房操作间、锅炉房、发电机房、变配电房、设备用房、办公用房、宿舍等临时用房；

5）其他具有火灾危险的场所。

（2）建筑施工现场常用灭火器及使用方法：

1）泡沫灭火器。药剂：筒内装有碳酸氢钠、发沫剂、硫酸铝溶液。用途：适用于扑救油脂类、石油产品及一般固体初起的火灾；不适用于扑救忌水化学品和电气火灾。使用方法：手指堵住喷嘴，将筒体上下颠倒2次，打开开关，药剂即喷出。

2）干粉灭火器。药剂：钢筒内装有钾盐或钠盐粉，并备有盛装压缩气体的小钢瓶。用途：适用于扑救石油及其产品、可燃气体和电气设备初起的火灾。使用方法：提起筒，拔掉保险销环，干粉即可喷出。

3）二氧化碳灭火器。药剂：瓶内装有压缩或液态的二氧化碳。用途：主要适用于扑救贵重设备档案资料，仪器仪表，600V以下的电器及油脂等火灾；禁止使用二氧化碳灭火器灭火的物品有，遇有燃烧物品中的锂、钠、钾、铯、锶、镁、铝粉等。使用方法：拔掉安全销，一手拿好喇叭筒对着火源，另一手压紧压把打开开关即可。

4）酸碱灭火器。用途：主要适用于扑救竹、木、棉、毛、草、纸等一般初起火灾，但对忌水的化学物品、电气、油类不宜用。

（3）消防栓、消防带、消防水枪

消防栓按安装区域分有室内、室外消防栓两种；按安装位置分有地上式与地下式两种；按消防介质分有水消防栓和泡沫消防栓两种。消防栓应在任意时刻均处于工作状态。

1）消防水带应配相对口径的水带接口方能使用。水带接口装置于水带两端，用于水带与水带、消火栓或水枪之间的连接，以便进行输水或水和泡沫混合液，其接口为内扣式。

2）水枪是装在水带接口上，起射水作用的专用部件。各种水枪的接口形式均为内扣式。

3）消防栓的开关位置在其顶部，必须用专用扳手操作，其顶盖上有开关标志符。

使用时应先安好消防水带，之后打开消防栓上封盖把水带固定好，然后再打开消防栓。在使用消防栓灭火时，必须两人以上操作，当水带充满水后，一人拿枪，一人配合移动消防水带。

第二节　施工现场消防管理制度及相关规定

施工现场的消防安全由施工单位负责。实行施工总承包的，应由总承包单位负责。分包单位向总承包单位负责，并应服从总承包单位的管理，同时应承担国家法律、法规规定的消防责任和义务。施工现场建立消防管理制度，落实消防责任制和责任人员，建立义务消防队，定期对有关人员进行消防教育，落实消防措施。

1. 施工现场消防管理制度

（1）施工单位应编制施工现场灭火及应急疏散预案。灭火及应急疏散预案应包括下列主要内容：

1）应急灭火处置机构及各级人员应急处置职责；

2）报警、接警处置的程序和通讯联络的方式；

3）扑救初起火灾的程序和措施；

4）应急疏散及救援的程序和措施。

（2）施工人员进场时，施工现场的消防安全管理人员应向施工人员进行消防安全教育和培训。消防安全教育和培训应包括下列内容：

1）施工现场消防安全管理制度、防火技术方案、灭火及应急疏散预案的主要内容；

2）施工现场临时消防设施的性能及使用、维护方法；

3）扑灭初起火灾及自救逃生的知识和技能；

4）报警、接警的程序和方法。

（3）施工作业前，施工现场的施工管理人员应向作业人员进行消防安全技术交底。消防安全技术交底应包括下列主要内容：

1）施工过程中可能发生火灾的部位或环节；

2）施工过程应采取的防火措施及应配备的临时消防设施；

3）初起火灾的扑救方法及注意事项；

4）逃生方法及路线。

（4）施工过程中，施工现场的消防安全负责人应定期组织消防安全管理人员对施工现场的消防安全进行检查。消防安全检查应包括下列主要内容：

1）可燃物及易燃易爆危险品的管理是否落实；

2）动火作业的防火措施是否落实；

3）用火、用电、用气是否存在违章操作，电、气焊及保温防水施工是否执行操作规程；

4）临时消防设施是否完好有效；

5）临时消防车道及临时疏散设施是否畅通。

2. 施工现场消防管理规定

（1）施工现场动火作业

1）动火作业应办理动火许可证，动火许可证的签发人收到动火申请后，应前往现场查验并确认动火作业的防火措施落实后，再签发动火许可证；

2）动火操作人员应具有相应资格；

3）焊接、切割、烘烤或加热等动火作业前，应对作业现场的可燃物进行清理；作业现场及其附近无法移走的可燃物应采用不燃材料覆盖或隔离；

4）施工作业安排时，宜将动火作业安排在使用可燃建筑材料施工作业之前进行。确需在可燃建筑材料施工作业之后进行动火作业的，应采取可靠的防火保护措施；

5）裸露的可燃材料上严禁直接进行动火作业；

6）焊接、切割、烘烤或加热等动火作业应配备灭火器材，并应设置动火监护人进行现场监护，每个动火作业点均应设置1个监护人；

7）五级（含五级）以上风力时，应停止焊接、切割等室外动火作业，确需动火作业时，应采取可靠的挡风措施；

8）动火作业后，应对现场进行检查，并应在确认无火灾危险后，动火操作人员再离开。

（2）施工现场用电

1）电气线路应具有相应的绝缘强度和机械强度，禁止使用绝缘老化或失去绝缘性能的电气线路，严禁在电气线路上悬挂物品。破损、烧焦的插座、插头应及时更换；

2）电气设备与可燃、易燃易爆和腐蚀性物品应保持一定的安全距离；

3）距配电盘2m范围内不得堆放可燃物，5m范围内不应设置可能产生较多易燃、易爆气体、粉尘的作业区；

4）可燃库房不应使用高热灯具，易燃易爆危险品库房内应使用防爆灯具；

5）电气设备不应超负荷运行或带故障使用。

（3）施工现场用气

1）储装气体罐瓶及其附件应合格、完好和有效；严禁使用减压器及其他附件缺损的氧气瓶，严禁使用乙炔专用减压器、回火防止器及其他附件缺损的乙炔瓶；

2）气瓶应保持直立状态，并采取防倾倒措施，乙炔瓶严禁横躺卧放；

3）严禁碰撞、敲打、抛掷、溜坡或滚动气瓶；

4）气瓶应远离火源，与火源的距离不应小于10m，并应采取避免高温和防止曝晒的措施；

5）气瓶应分类储存，库房内应通风良好；空瓶和实瓶同库存放时，应分开放置，两者间距不应小于1.5m；

6）瓶装气体使用前，应检查气瓶及气瓶附件的完好性，检查连接气路的气密性，并采取避免气体泄漏的措施，严禁使用已老化的橡皮气管；

7）氧气瓶与乙炔瓶的工作间距不应小于5m，气瓶与明火作业点的距离不应小于10m；

8）冬季使用气瓶，气瓶的瓶阀、减压阀等发生冻结时，严禁用火烘烤或用铁器敲击瓶阀，严禁猛拧减压器的调节螺栓；

9）氧气瓶内剩余气体的压力不应少于 0.1MPa，气瓶用后应及时归库。

第六章 施工现场应急救援基本知识

第一节 生产安全事故应急救援预案
管理相关知识

1. 生产安全事故应急救援预案的概念

生产安全事故应急救援预案是为了有效预防和控制可能发生的事故，最大程度减少事故及其损害而预先制定的工作方案。它是事先采取的防范措施，将可能发生的等级事故损失和不利影响减少到最低的有效方法。

2. 建筑施工企业生产安全事故应急救援预案的管理

施工单位的应急救援预案应经专家评审或者论证后，由企业主要负责人签署发布。施工项目部的安全事故应急救援预案在编制完成后报施工企业审批。

建筑工程施工期间，施工单位应当将生产安全事故应急救援预案在施工现场显著位置公示，并组织开展本单位的应急救援预案培训交底活动，使有关人员了解应急救援预案的内容、熟悉应急救援职责、应急救援程序和岗位应急救援处置方案。

建筑施工单位应当制定本单位的应急预案演练计划，根据本单位的事故预防重点，每年至少组织一次综合应急预案演练或者专项应急预案演练，每半年至少组织一次现场处置方案演练。

第二节 现场急救基本知识

1. 施工现场应急救护要点

（1）对骨伤人员的救护

1）不能随便搬动伤者，以免不正确的搬动（或移动）给伤者带来二次伤害。例如凡是胸、腰椎骨折者，头、颈部外伤者，不能任意搬动，尤其不能屈曲。

2）在需要搬动时，用硬板固定受伤部位后方可搬动。

3）用担架搬运时，要使伤员头部向后，以便后面抬担架的人可以随时观察其伤情变化。

（2）对眼睛伤害人员的救护

1）眼有异物时，千万不要自行用力眨眼睛，应通过药水、泪水、清水冲洗，仍不能把异物冲掉时，才能扒开眼睑，仔细小心清除眼里异物，如仍无法清除异物或伤势较重时，应立即到医院治疗。

2）当化学物质（如砌筑用的石灰膏）进入眼内，立即用大量的清水冲洗。冲洗时要扒开眼睑，使水能直接冲洗眼睛，要反复冲洗，时间至少15min以上。在无人协助的情况下，可用一盆水，双眼浸入水中，用手分开眼睑，做睁、闭眼、转动立即到医院做必要的检查和治疗。

（3）心肺复苏术

心肺复苏术，是在建筑工地现场对呼吸骤停病人给予呼吸和循环支持所采取的急救，急救措施如下：

1）畅通气道：托起患者的下颌，使病人的头向后仰，如口中有异物，应先将异物排除。

2）口对口人工呼吸：握闭病人的鼻孔，深吸气后先连续快速向病人口内吹气4次，吹气频率以每分钟2～16次。如遇特殊情况（牙关紧闭或外伤），可采用口对鼻人工呼吸。

3）胸外心脏按压：双手在放病人胸骨的下1/3段（剑突上两根指），有节奏地垂直向下按压胸骨干段，成人按压的深度为胸骨下陷4～5cm为宜。一般按压15次，吹气2次。

4）胸外心脏按压和口对口吹气需要交替进行。最好有两个人同时参加急救，其中一个人作口对口吹气。

（4）外伤常用止血方法

1）一般止血法：凡出血较少的伤口，可在清洗伤口后盖上一块消毒纱布，并用绷带或胶布固定即可。

2）指压止血法：可用干净的布（没有布可以用手）直接按压伤口，直到不出血为止。

3）加压包扎止血法：用纱布，棉花等垫放在伤口上，用较大的力进行包扎。并尽量抬高受伤部位。加压时力量也不可过大，或扎得过紧，如以免引起受伤部位局部缺血造成坏死。

2. 建筑施工现场主要事故类型及救援常识

（1）触电事故及救援常识

1）发现有人触电时，不要直接用手去拖拉触电者，应首先迅速拉电闸断电，现场无电闸时，使用木方等不导电的材料或用干衣服包严双手，将触电者拖离电源。

2）根据触电者的状况现场进行人工急救（如心肺复苏），并迅速向工地负责人报告或报警。

（2）火灾事故及救援常识

1）最早发现者应立即大声呼救，并根据情况立即采取正确方法灭火。当判断火势无法控制时，要迅速报警和向有关人员报告。

2）根据火灾的影响范围，迅速把无关人员疏散到指定的消防安全区。作业区发生火灾时，可采用建筑物内楼梯、外脚手架上下梯、离火灾现场较远的外施工电梯等疏散人员。不得使用离火灾现场较近的外施工电梯，严禁使用室内电梯疏散人员。

3）当火势无法控制时，要及时采取隔离火源措施，及时搬出附近的易燃易爆物以及贵重物品，防止火势蔓延到有易燃易爆物品或存放贵重物品的地点。当有可能发生气瓶爆炸或火势已无法控制且危及人员生命安全时，迅速将救火人员撤离到安全地方，等待专职消防队救援或采取其他必要措施。

4）火灾逃生自救知识原则

如果发现火势无法控制，应保持镇静，判断危险地点和安全地点，决定逃生方法和路线，尽快撤离险地。

通过浓烟区逃生时，如无防毒面具等护具，可用湿等毛巾捂住口鼻，并尽可能贴近地面，以匍匐姿势快速前进，如有条件可向头部、身上浇冷水或用湿毛巾、湿棉被，湿毯子等将头、身裹好再冲出去。

（3）易燃易爆气体泄漏事故应急常识

1）最早发现者应立即大声呼救，并向有关人员报告或报警。根据情况立即采取正确方法施救，如尝试采取关闭阀门、堵漏洞等措施截断、控制泄漏，若无法控制，应迅速撤离。

2）在气体泄漏区内严禁使用手机、电话或启动电器设备，并禁止一切产生明火或火花的行为。

3）疏散无关人员，迅速远离危险区域，治安保卫人员要迅速建立禁区，严禁无关人员进入。同时停止附近的作业。

4）在未有安全保障措施的情况下，不要盲目行动，应等待公安消防队或其他专业救援队伍处理。

（4）发现坍塌预兆或坍塌事故应急常识

1）发现坍塌预兆时，发现者应立即大声呼唤，停止作业，迅速疏散人员撤离现场，并向项目部报告。待险情排除，并得到有关人员同意后，方可重新进入现场作业。

2）当事故发生后，发现者应立即大声呼救，同时向有关人员报告或报警。项目部根据情况立即采取措施组织抢救，同时向上级部门报告。

3）迅速判断事故发展状态和现场情况，采取正确应急控制措施，判断清楚被掩埋人员位置，立即组织人员全力挖掘抢救。

4）在救护过程中要防止二次坍塌伤人，必要时先对危险的地方采取一定的加固措施。

5）按照有关救护知识，立即救护抢救出来的伤员，在等待医生救治或送往医院抢救过程中，不要停止和放弃施救。

（5）有毒气体中毒事故应急常识

1）最早发现者应立即大声呼救，向有关人员报告或报警，如原因明确应立即采取正确方法施救，但决不可盲目救助。

2) 迅速查明事故原因和判断事故发展状态，采取正确方法施救。如中毒事故必须先通风或戴好防毒面具方可救人；如缺氧，则要戴好有供氧的防毒面具才可救人。

3) 救出伤员后按照有关救护知识，立即救护伤员，在等待医生救治或送往医院抢救过程中，不要停止和放弃施救，如采用人工呼吸，或输氧急救等。

4) 现场不具备抢救条件时，立即向社会求救。

（6）高处坠落伤害急救常识

1) 坠落在地的伤员，应初步检查伤情，不得随意搬动。

2) 立即呼叫"120"急救医生前来救治。

3) 采取初步急救措施：止血、包扎、固定。

4) 注意固定颈部、胸腰部椎，搬运时保持动作一致平稳，避免伤员脊柱弯曲扭动加重伤情。

3. 施工现场报警注意事项

（1）按工地写出的报警电话，进行报警。

（2）报告事故类型。说明伤情（病情、火情、案情）等，好让救护人员事先做好急救的准备。如火灾报警时要尽量说明燃烧或爆炸物质、燃烧程度、人员伤亡、发生火灾楼层等情况。

（3）说明单位（或事故地）的电话或手机号码，以便救护车（消防车、警车）随时用电话通讯联系。

（4）可用几部电话或手机，由数人同时向有关救援单位报警求救。以便让各种救援单位都能以最快的速度到达事故现场。

第二部分 专业基础知识

第七章 施工升降机专业知识

施工升降机是一种采用齿轮齿条啮合方式或钢丝绳提升方式，使吊笼做垂直或倾斜运动，用以输进人和物料的机械。其广泛用于建筑施工等领域，是工业、民用建筑、桥梁施工、井下施工、大型烟囱施工等场所运输物料及人员的理想设备，作为永久性或半永久性的施工升降机还可用于仓库和高塔等不同场合。

第一节 基 本 构 造

施工升降机由导轨架、吊笼、防护围栏和底架、层门、机械传动系统、防坠安全装置、超载保护装置、控制和限位装置、电气控制系统等构成。如图 7-1 所示。

1. 基础及底架

（1）基础

施工升降机基础应能满足以下的要求：

1）升降机基础应能承受最不利工作条件下的全部载荷；基础周围应有排水设施。

施工升降机的基础一般有 3 种做法，如图 7-2 所示。

① 基础在地面上加高。其优点是不用排水，缺点是门坎较高，如图 7-2 中"1"位置处。

② 混凝土基础面与地面齐平。其优点是排水较简单，缺点

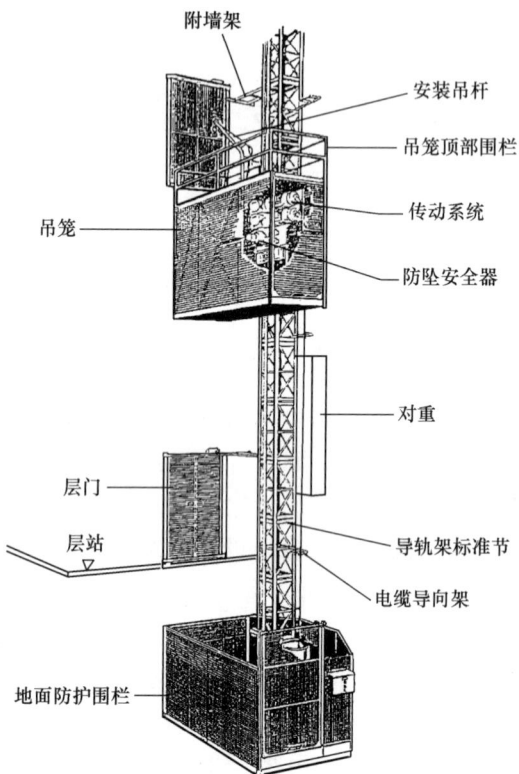

图 7-1　齿轮齿条式施工升降机示意图

图中标注：附墙架、安装吊杆、吊笼顶部围栏、传动系统、防坠安全器、吊笼、对重、层门、层站、导轨架标准节、电缆导向架、地面防护围栏

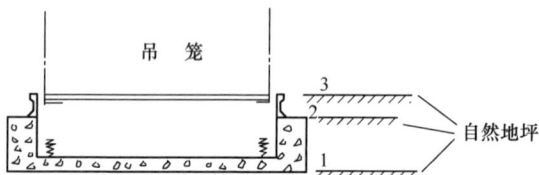

图 7-2　施工升降机基础示意图

图中标注：吊笼、自然地坪、3、2、1

是有门坎，如图 7-2 中"2"位置处。

　　③ 混凝土基础埋入地面下。其优点是地面与吊笼门无门坎，缺点是排水不易，如图 7-3 中"3"位置处。

2）卷扬机、曳引机的基础应与导轨架的钢筋混凝土基础整体浇筑。因为有的卷扬机、曳引机设计成靠近井架安装，其钢丝绳出机后第一个改变方向的导向滑轮一般为天梁上的滑轮。其优点是不存在由于装设架体底部的导向滑轮（俗称地滑轮）而造成该滑轮到卷扬机卷筒之间的钢丝绳拖地、浸水、受压等。同时也简化了为避免这些缺陷需设置的保护槽沟等设施。然而卷扬机、曳引机靠近井架体安装，卷筒上受到向上的力，因而施工升降机的配套曳引机、卷扬机应强化轴承支座、减速箱盖、基础螺栓等部件，使它们有足够的强度承受上拉力，避免工作中的卷扬机、曳引机损坏。要注意的是卷扬机或曳引机的基础应有足够的强度抵抗上拉力，必须按厂家的要求制作。基础自重和卷扬机、曳引机自重及基础的整体浇注，可大大增加卷扬机、曳引机的向上抗拉性。

3）导轨架体基础及卷扬机、曳引机基础上固定设备用的预埋垫铁应当与基础面水平，各块垫铁也应在同一水平面上。尤其是每块预埋垫铁本身应当水平，防止倾斜。如果倾斜，再用垫铁板来调节架体和曳引机、卷扬机的四角，使其达到水平则比较困难。

4）卷扬机和曳引机基础的混凝土不经养护，不得安装试车，因为该基础与架体基础不同，它承受向上的拉力。

（2）底架

用来支承和安装升降机其他所有组成部分的升降机最下部的构架。底架应能承受升降机作用在其上的所有载荷，并能有效地将载荷传递到其支撑面上。如图7-3所示。

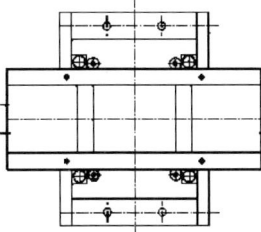

1）施工升降机（货用施工升降机）底架由缓冲弹簧和钢骨架组成。底架通过地锚螺栓与基础固定，导轨架用螺栓紧固在底架上，缓冲装置保证吊笼着地时的柔性接触。

图7-3　施工升降机底架示意图

2）物料提升机底架（底盘）由槽钢拼焊而成。底盘下部拐角焊有用以与物料提升机基础预埋螺栓连接的底板。SS 型结构架体的立柱由底盘侧面开始拼接。另外，在底盘上还焊有摇头滑轮座用以安装使卷扬钢丝绳变向的摇头滑轮。

2. 防护围栏

地面上包围吊笼的防护围栏，将施工升降机主机部分包围起来，形成一个封闭区域，防护围栏应为实体板、冲孔板、焊接或编制网护栏，如图 7-4 所示。

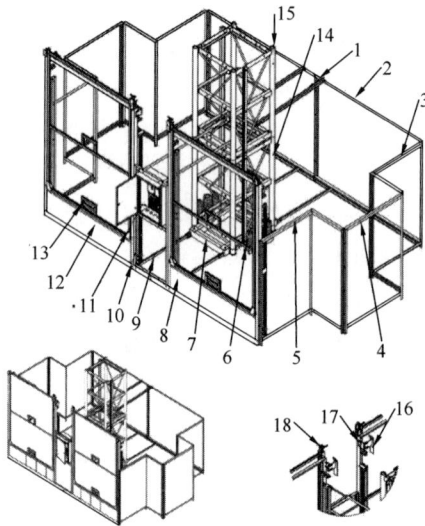

图 7-4　围栏结构图

1—围护撑杆；2—后围栏；3—左围栏；4—左右围栏；5—右围栏；6—缓冲弹簧；7—底座；8—右门框架；9—围护底撑杆；10—小门；11—总电箱；12—左门框架；13—围栏门；14—底节；15—第二节标节；16—限位碰块；17—限位调节块；18—外围护限位器

围栏底部设有地锚螺栓孔，通过地锚螺栓固定在基础上；围栏入口处设有围栏门，并设有机电联锁装置，在吊笼上升时围栏门无法开启，以保证人员安全。防止人员误入而对人可能造成的物体打击等伤害。围栏门通常有上拉式和对开式。在进料口上部设有双层防护棚，能承受重物打击。围栏门的电气安全开关可不装在围栏上。对重应置于地面围栏内。

围栏门的机械联锁装置如图 7-5 所示。它由围栏门上的锁块、装于围栏门架转轴上的闩板与装在吊笼上的开门打板构成。应在围栏门上的显著位置设置安全警示标识。

3. 导轨架导

轨架是用以支撑和引导吊笼、对重等装置运行的金属构架，通常也叫做标准节。根据所建楼层高度可以增加导轨架数量，通过附墙架与建筑物固定，四根主肢作为吊笼上下运动的导轨。一般采用无缝钢管和型钢焊接制成具有互换性的标准节。如图 7-6、图 7-7 所示。导轨架必须有足够的强度、刚度和稳定性。

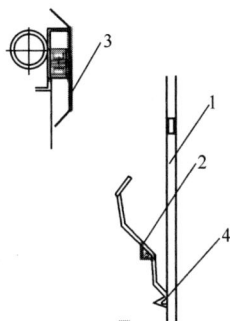

图 7-5　围栏门机械连锁装置结构示意图

1—围栏门；2—装于围栏门架转上的闩板；3—装于吊笼上的开门打板；4—围栏门上的锁块

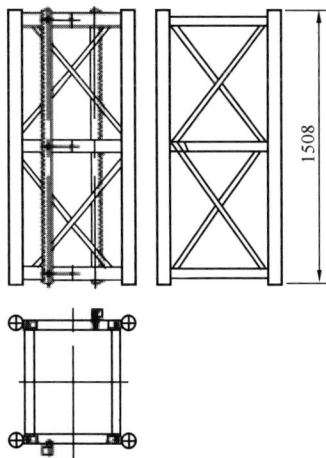

图 7-6　有齿条导轨架示意图

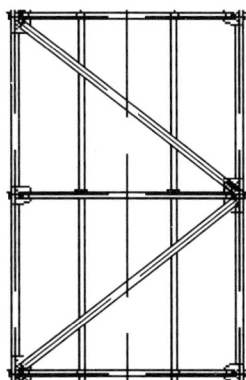

图 7-7　无齿条导轨架示意图

导轨架可以是双立柱式，即通过与天梁连接组成龙门架；也可以是单立柱式，两侧设置吊笼，吊笼可以被立柱包容，即井字架。

4. 附墙架

导轨架的高度超过最大独立高度时应设有附着装置，以增加整机的稳定性和承载力，保证架体垂直度，由电缆防护环、前接杆、后接杆、前支撑架、后支撑架、附墙支座、调节杆等组成。施工升降机、货用施工升降机（物料提升机）常用的附墙架如图 7-8～图 7-10 所示。

施工升降机在最大独立高度时的抗倾翻力矩不应小于该工况最大倾翻力矩的 1.5 倍。最大独立高度是指导轨架在无侧面附着时，能保证施工升降机正常作业的最大架设高度。

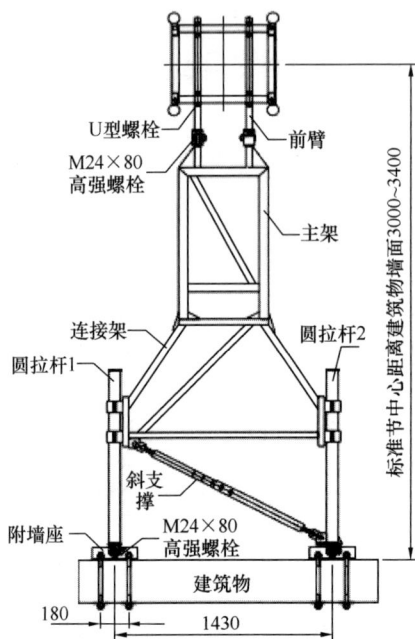

图 7-8　施工升降机附墙架示意图

图 7-9 货用施工升降机附墙架示意图

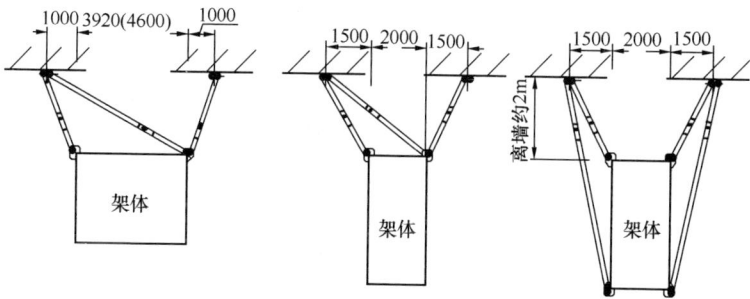

图 7-10 井架式货用施工升降机（物料提升机）
附墙架布置方式示意

附墙架不得与脚手架相连接。

5. 吊笼

吊笼频繁地沿导轨架做升降运动，是施工升降机完成垂直运输物资和人员的容器，由底板、围壁、门和顶组成。如图 7-11、图 7-12 所示。

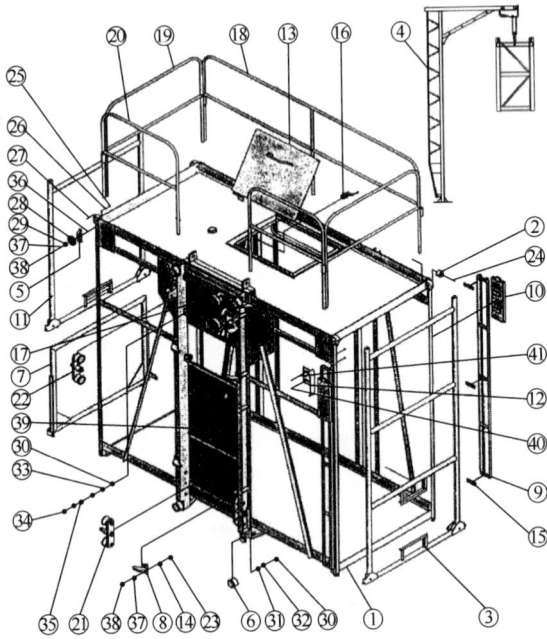

图 7-11 SC 型施工升降机吊笼示意图

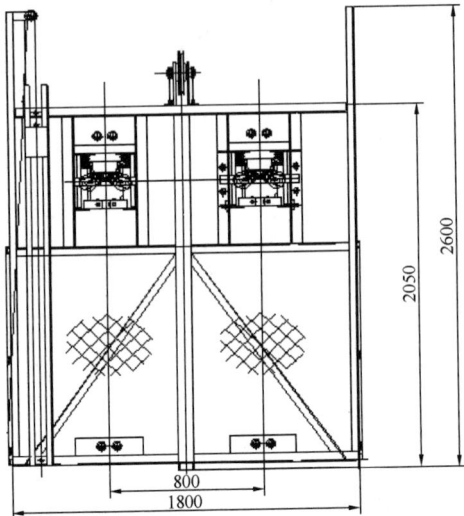

图 7-12 SS 型货用施工升降机（物料提升机）吊笼示意图

吊笼组成
表 7-1

1	吊笼骨架	22	上导向轮
2	滑轮	23	螺栓
3	单行门	24	螺栓
4	安装起重机	25	螺母
5	轮座	26	垫圈
6	导向轮	27	螺栓
7	下行门	28	滑轮
8	保险扣	29	轴承
9	对重滑轨	30	螺栓
10	对重	31	垫圈
11	上行门	32	弹垫
12	撞块	33	压板
13	天门	34	防震垫
14	垫圈	35	隔套
15	压板	36	螺钉
16	行程开关	37	垫圈
17	安全装置	38	螺母
18	前护栏	39	面板
19	侧护栏	40	螺栓
20	后护栏	41	垫圈
21	下导向轮		

对吊笼的基本要求如下：

（1）笼应有足够刚性的导向装置以防止脱落或卡住。

（2）吊笼应具有有效的装置使吊笼在导向装置失效时仍能保持在导轨上。当采用安全钩时，最高一对安全钩应处于最低驱动齿轮之下。

（3）应有防止吊笼驶出导轨的措施。

（4）吊笼若设司机室，应有良好视野和足够的空间。

（5）吊笼底板应能防滑、排水。

（6）吊笼的可载人数为额定载重量除以 80kg，舍尾取整。吊笼底板的人均占地面积不应小于 0.18m²。

（7）吊笼的内净高度不应小于 2m。

（8）如果吊笼顶作为安装、拆卸、维修的平台或设有天窗，则顶板应抗滑且周围应设护栏。该护栏的上扶手高度不小于 1.05m，中间高度应设横杆，护脚板高度不小于 100mm。护栏与顶板边缘的距离不应大于 100mm。

（9）人货两用升降机吊笼门应装机械锁钩以保证运行时不会自动打开。吊笼进料门在吊笼底层才需要开启，吊笼离开底层工作时，它应当始终可靠地关闭，不能打开，防止吊笼内的货物或人员甩出。如图 7-13 所示。只有在吊笼下降到底层时，升降机围栏上的开闩压板才能将自动门闩推动，离开吊笼进料门的挡块位置，吊笼进料门才能开启。这样设置的好处是在吊笼离地后，吊笼

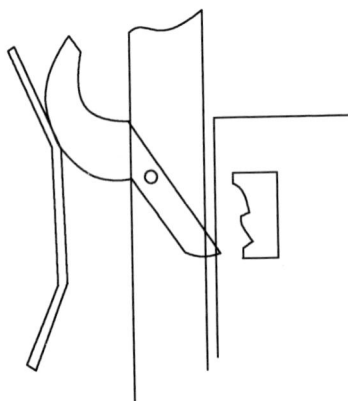

图 7-13　吊笼进料门自动锁闭装置示意图

进料门将自动锁闭，防止了人为遗忘锁门而被误打开的可能，更为安全。

（10）施工升降机吊笼门应设有电气安全开关。当门为完全关闭时，该开关应有效切断控制回路电源，使吊笼停止或无法起动。

（11）吊笼上应至少有一扇门或天窗可供紧急逃离。紧急逃离门应有电气安全开关联锁，当门未锁紧时吊笼应停止、无法起动；在重新上锁后，施工升降机可恢复正常工作。

6. 传动机构

目前常见的施工升降机提升吊笼的传动方式有2种：齿轮齿条传动和钢丝绳牵引（卷扬机牵引式及曳引式）。

（1）齿轮齿条传动

齿轮齿条传动是指在导轨架上固定齿条，吊笼上安装电机减速器齿轮机组，由电机带动齿轮旋转，沿着立柱齿条使吊笼做上升、下降运动。如图7-14所示。

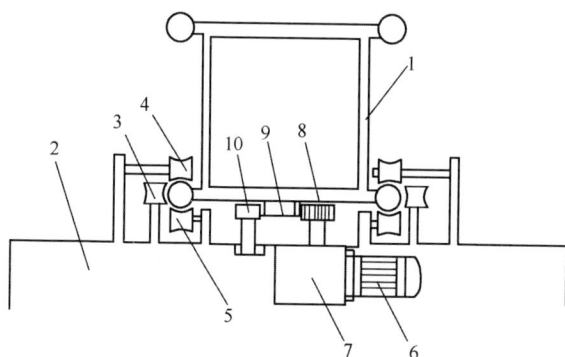

图7-14　齿轮齿条式标准节与吊笼连接示意图

1—标准节；2—吊笼；3—压轮；4—吊笼上方防脱轨轮；
5—吊笼下侧滑轮；6—电机；7—减速器；8—传动齿轮；
9—立柱齿条；10—压轮

为了保证上述传动方式的安全有效，首先应有保证传动齿轮和立柱齿条啮合的装置。保证吊笼不脱离导轨架而上下运行，吊笼上装有一系列滑轮。图中3—压轮防止吊笼与导轨侧向位移；4—吊笼上方两组防脱轨轮防止吊笼上方向导轨架外侧倒离；而5—吊笼下侧滑轮是防止吊笼下侧向导轨架内侧移动。该传动方式的施工升降机是目前我国两用施工升降机的主流产品。其缺点是成本较高，吊笼通道周围不便防护。

齿轮齿条传动机构还要符合以下要求：

1）传动系统与吊笼应可靠连接，传动系统旋转的零部件应有防护罩等安全防护设施。

2）对齿轮齿条式施工升降机，其传动齿轮、防坠安全器的齿轮与齿条啮合时，接触长度沿齿高不得小于 40％，沿齿宽不得小于 50％。

3）对齿轮齿条式施工升降机，除安装工况外，导轨架顶部的一节和底部一节齿条应拆除。

（2）钢丝绳牵引（曳引）

将牵引主钢丝绳头利用压板固定在卷扬机的卷筒侧面，钢丝绳盘绕在卷筒上，钢丝绳尾穿过导轨架天梁上的两组导向滑轮，再垂直穿过吊笼顶上的动滑轮回到天梁上的绳尾固定座，用 3 个或 4 个绳卡固定。卷扬机开动时，利用收、放钢丝绳使吊笼做上升或下降运动。

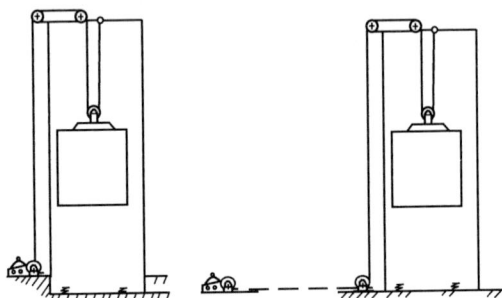

图 7-15 卷扬机牵引示意图

钢丝绳牵引（曳引）施工升降机，应符合下列规定：

1）钢丝绳的规格、型号应符合使用说明书的要求，并应正确穿绕。钢丝绳应润滑良好，与金属结构无摩擦。

2）钢丝绳绳端固定应牢固、可靠，并应符合使用说明书的要求。

3）钢丝绳应符合现行国家标准《起重机钢丝绳保养、维护、安装、检验和报废》GB/T 5972 的规定。

4）滑轮应有防钢丝绳脱出装置，该装置与滑轮外缘的间隙不应大于钢丝绳直径的 20％，且应可靠有效。

5）滑轮、曳引轮转动应良好，无裂纹、破损；滑轮轮槽壁厚磨损不应超过原壁厚的20%，轮槽底部直径减少量不应超过钢丝绳直径的25%，槽底应无沟槽。

6）制动器应动作灵敏，工作可靠，并有防护罩。

7）对于货用施工升降机（物料提升机）还要符合：

① 钢丝绳在卷筒上应整齐排列，端部应与卷筒压紧装置连接牢固。当吊笼处于最低位置时，卷筒上的钢丝绳不应少于3圈。

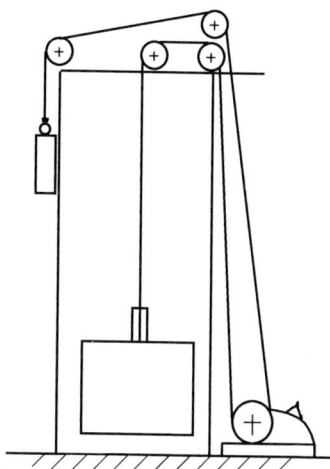

图7-16　曳引机牵引示意图

② 卷筒两端的凸缘至最外层钢丝绳的距离不应小于钢丝绳直径的2倍。导向滑轮和卷筒中间位置的连线应与卷筒轴线垂直，其距离不应小于卷筒长度的20倍。

③ 滑轮组与架体（或吊笼）应采用刚性连接，严禁使用开口板式滑轮。

④ 当曳引钢丝绳为2根及以上时，应设置张力自动平衡装置。

7. 对重

对吊笼起平衡作用的重物，也可以减少主机输出功率，节省能源。对重不可悬浮放置，其两端应有滑靴或滚轮导向，并设有防脱轨保护装置。对重应根据有关规定的要求涂成警告色。

人货两用施工升降机悬挂对重的钢丝绳不应少于2根，且相互独立。

悬挂对重的钢丝绳为单绳时，安全系数不应小于8；采用双绳时，每绳的安全系数不应小于6；直径不应小于9mm。

若对重使用填充物，应采取措施防止其窜动。应有详细的提示以说明所需对重的总质量，而每一个单独填充物也应在其上标明自重。

对重导向装置应正确可靠，对重轨道应平直，接缝应平整，错位阶差不应大于 0.5mm。

8. 安全装置

安全装置是施工升降机上最重要的部件，它的作用是避免施工升降机事故的发生，保证乘员的生命安全。主要有防坠安全装置（通常有瞬时式和渐进式两种，对于吊笼，其额定提升速度大于 0.63m/s 时应采用渐进式防坠安全装置；额定提升速度小于或等于 0.63m/s 时可采用瞬时式防坠安全装置）、上下行程开关、上下极限开关、超载保护装置、安全钩、缓冲装置、机电联锁装置、防松绳装置、紧急停止开关、电气安全保护系统等。

9. 防坠安全器

防止吊笼坠落的安全装置。指非电气、气动和手动控制的防止吊笼坠落的机械式安全保护装置。防坠安全器是施工升降机中最重要的安全装置，其作用是限制吊笼的运行速度，防止吊笼坠落，保证人员及设备安全。

人货两用施工升降机一般采用齿轮锥鼓式渐进型防坠安全器，如图 7-17 所示。

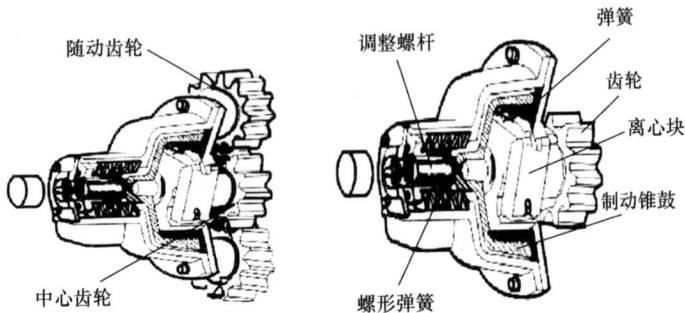

图 7-17　齿轮锥鼓式渐进型防坠安全器

人货两用施工升降机严禁使用瞬时式防坠安全器。有对重的施工升降机，当对重质量大于吊笼质量时，应设置双向防坠安全器或对重防坠安全装置。

工作原理：当施工升降机吊笼下行的运行速度达到标定的动作速度时，其离心式限速装置的甩块移位（相当棘爪），带动锥鼓（相当棘轮）向制动带运动、接触并产生制动力矩，同时碟形弹簧组被压缩。通过计算可判断其额定制动载荷时的制动距离。

齿轮锥鼓式渐进型防坠安全器使用年限为 5 年，每年均应送厂家或检验检测机构进行校验标定，严禁使用超过有效标定期限的防坠安全器。每运行三个月进行一次防坠落试验。

10. 断绳保护装置

断绳保护装置是因提升钢丝绳断裂而瞬时制动的一种安全装置。此装置须动作迅速灵活、准确可靠，且复位和维修容易，不可自动或电动复位。它是 SS 型施工升降机中非常重要的安全设施，其是否可靠直接关系到使用中机械及人员的安全。

（1）人货两用施工升降机中的断绳保护装置被称为防松绳装置，提升钢丝绳或对重钢丝绳应装有防松绳装置。最常见的是由偏心块和非自动复位限位开关组成。

工作原理：施工升降机的对重钢丝绳或提升钢丝绳的绳数不少于两条且相互独立时，在钢丝绳组的一端应设置张力平衡装置，并装有由相对伸长量控制的非自动复位的防松绳开关。当其中一根钢丝绳出现的相对伸长量超过允许值或断绳时，该开关将切断控制电路，吊笼制停。如图 7-18 所示。

当采用单根提升钢丝绳或对重钢丝绳出现松绳时，防松绳开关立即切断电源控制电路，制动器制动。

（2）目前，SS 型施工升降机断绳保护装置按

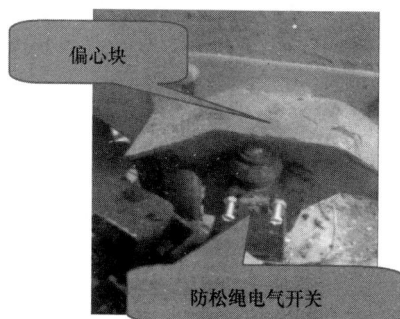

图 7-18　偏心块式防松绳装置

制动部分结构不同，大致分为滑楔式、偏心轮（块）式及卡板（销）式3类。双面作用的楔块式瞬时式断绳保护装置有两对夹持楔块，动作时，导轨被夹紧在两个楔块之间，楔块镶嵌在闸块上，闸块由拉杆连接，由压簧激发系统带动工作。如图7-19所示。

图7-19　SS型货用施工升降机（物料提升机）
常用的断绳保护装置

11. 行程限位开关和极限控制开关

行程限位开关是吊笼到达行程终点时自动切断控制电路的安全装置。行程限位开关包括上、下限位开关。

极限控制开关是吊笼超越行程终点时自动切断总电源的非自动复位安全装置。

工作原理：极限开关保证吊笼在运行至上、下限位后，因限位开关故障失灵而继续运行时立即切断主电源，使吊笼停止，保证吊笼向上运行不冒顶、向下运行不撞底。如图7-20所示。

（1）人货两用施工升降机

1）应安装自动复位的上下限位开关。

2）施工升降机应设置极限开关。当限位开关失效时，极限开关应切断总电源，使吊笼停止。极限开关为非自动复位型，其动作后，手动复位方能使吊笼重新启动。

3）限位开关的安装位置应符合下列规定：

①上限位开关的安装位置：当额定提升速度小于 0.8m/s 时，触板触发该开关后，上部安全距离不应小于 1.8m，当额定提升速度大于或等于 0.8m/s 时，触板触发该开关后，上部安全距离应满足下式的要求：

$$L = 1.8 + 0.1v^2 \qquad\qquad (7\text{-}1)$$

式中：L——上部安全距离的数值（m）；

v——提升速度的数值（m/s）。

②下限位开关的安装位置：吊笼在额定荷载下降时，触板触发下限位开关使吊笼制停，此时触板离触发下极限开关还应有一定的行程。

③上限位与上极限开关之间的越程距离：齿轮齿条式施工升降机不应小于 0.15m，钢丝绳式施工升降机不应小于 0.5m。

④在正常工作状态下，吊笼碰到缓冲器之前，触板应首先触发下极限开关。

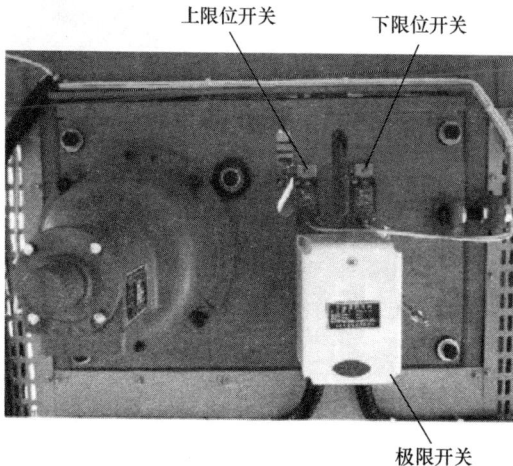

图 7-20　行程限位开关

⑤ 极限开关不应与限位开关共用一个触发元件。

（2）货用施工升降机（物料提升机）

1）应设置自动复位的上限位开关，当吊笼上升至限定位置时，应触发限位开关，吊笼自动停止运动，钢丝绳驱动的上部越程距离不应小于 3m，齿轮齿条驱动的上部越程距离不应小于 1.8m。

2）应设置自动复位的下限位开关，当吊笼下降至限定位置时，应能触发限位开关，吊笼自动停止运动。

12. 主令开关

主令开关主要应用在设备需正、反双向旋转的场合，如：起重机械中塔式起重机、桥门机、升降机等。

主令开关有三个位置，中间是分开位置，往一边拨动电机的运转反向与另一边反向相反，简而言之就是控制电机的正反转。如图 7-21 所示。

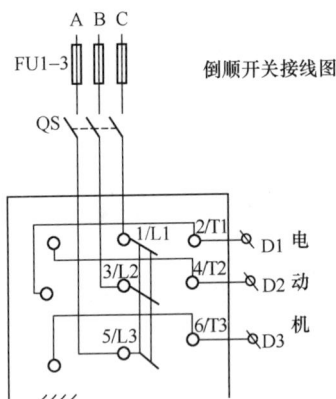

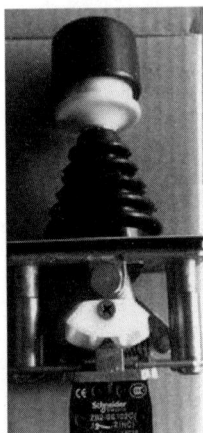

图 7-21 主令开关

（1）工作原理：三相电源提供一个旋转磁场，使三相电机转动，因电源三相的接法不同，磁场可顺时针或逆时针旋转，改变转向时只需要将电动机电源的任意两相相序进行改变即可完成。

如原来的相序是 A、B、C，只需改变为 A、C、B 或 C、B、A 即可变向。一般的倒顺开关有两排六个端子，调相通过中间触头换向接触，达到换相目的。以三相电机倒顺开关为例：设进线 A-B-C 三相，出线也是 A-B-C，因 ABC 三相各相隔 120 度，连接成一个圆周，设这个圆周上的 ABC 是顺时针的，连接到电机后，电机为顺时针旋转。ABC 排列成逆时针，连接到电机后，电机也为逆时针旋转。这个切换开关就是主令开关。

如将它的把手往左扳，出线是 A-B-C；

如将它的把手扳到中间，A-B-C 全部断开，处于关的状态；

如将它的把手往右扳，出线是 A-C-B，电机的转动方向就与往左扳时相反。

（2）严禁使用非自动复位的主令开关作为卷扬机的控制开关。

13. 重量限制器

重量限制器是一种超载保护装置，由传感销轴、显示器和报警装置组成。

工作原理：当实际重量达到吊笼额定载荷的 90% 时，预警功能实现，预警指示灯点亮，蜂鸣器发出断续响声；当实际重量超过吊笼额定载荷的 110%（此参数可设置）时报警功能实现，报警指示灯点亮，报警输出继电器动作，蜂鸣器发出连续的响声。如图 7-22、图 7-23 所示。

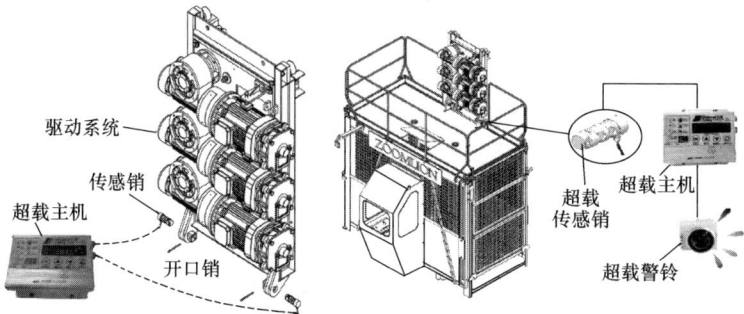

图 7-22　施工升降机重量限制器合成

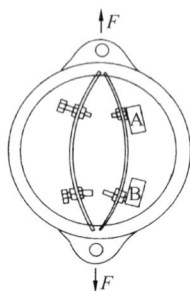

图 7-23 拉力环传感式超载限制器多用于
货用施工升降机（物料提升机）

14. 安全钩

安全钩仅针对齿轮齿条式升降机。安全钩的作用是防止吊笼脱离导轨架或防坠安全器输出端齿轮脱离齿条，安全钩应设置在最下面一个驱动齿轮以下且在防坠安全器齿轮以上的位置。如图7-24 所示。

正常状态下极限开关和限位开关的越程距离为0.15m

安全钩

图 7-24 安全钩

齿轮齿条式施工升降机吊笼上沿导轨设置的安全钩不应少于2 对。

15. 安全挡块

安全挡块的作用是防止因背轮脱落失效而使吊笼纵向脱落齿条，设置在每个背轮上、下侧，安装或焊接在吊笼上。如图7-25所示。

16. 笼底缓冲器（弹簧）

笼底缓冲器（弹簧）安装在底架上，是用以吸收下降吊笼或对重的动能，起缓冲作用的装置。如采用耗能型缓冲器的，则应设置检查缓冲器是否正常复位的电气装置。如图7-26所示。

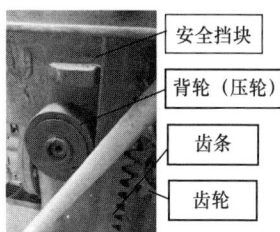

图 7-25　安全挡块

图 7-26　缓冲装置示意图

人货两用施工升降机和额定载重量400kg以上的货用施工升降机（物料提升机）均要在吊笼底部和对重下方设置缓冲器（弹簧）。

17. 楼层门、平台及安全防护设施

建筑物或其他固定结构上供吊笼停靠和人货出入的地点，也称为层站。可防止人员被运动件伤害和从升降机上坠落，如图7-27所示。楼层门制作与安装、平台铺设、平台中间及两侧的防护设施均应符合相关标准规范要求。

（1）楼层门

1）楼层门是安装在升降机所到达楼层的层站入口处的防护装置。各停层平台应设置常闭平台门，其高度不应小于1.8m，层门不应突出到吊笼的升降通道上，且应向建筑物内开启。

2）楼层层门的开关过程可由吊笼内乘员操作，楼层内人员应无法开启。

图 7-27　楼层门、平台及安全防护设施

3）吊笼门框外缘与登机平台边缘之间的水平距离不应大于 50mm。

4）楼层门的开闭应与吊笼电气或机械联锁，如图 7-28 所示。

楼层门只有在吊笼地板离该登机平台的垂直距离在±0.25m 以内时才可打开。现已有一种产品，可以达到上述要求。它的工

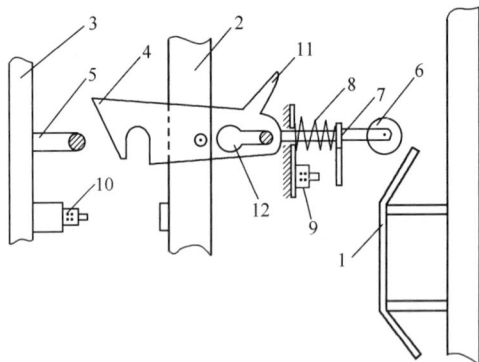

图 7-28　楼层门与吊笼联锁装置示意图

1—吊笼上的开锁压板；2—楼层门框架；3—楼层门边框；4—楼层门锁钩；5—楼层门上的锁环；6—开锁推杆滑轮；7—复位弹簧压板；8—推杆复位弹簧；9—允许开门信号开关；10—楼层门关闭信号开关；11—外开锁把柄；12—开锁圆孔

作原理是当吊笼开到某楼层平台上±0.25m 范围内时，1—吊笼上的开锁压板将推动 6—开锁推杆滑轮向左移动，使该推杆端的销杆向左移动到 4—楼层门锁钩的 12—开锁圆孔中心。这时可用 11—外开锁把柄将楼层门锁钩向上转动，使之与 5—楼层门上的锁环脱开，楼层门即可打开。这时 9—允许开门信号开关将发出动作信息，楼层门若打开后，则 10—楼层门关闭信号开关也发出开门信息。当楼层门手动关闭时，因楼层门锁钩前端的斜面（平时因重力下垂的）将锁钩上移，直到锁环落入锁钩为止。这时楼层门关闭信号开关将发出关门信息，允许吊笼开动。

（2）平台

1）楼层平台搭设应牢固可靠，不应与施工升降机钢结构及脚手架相连接。

2）楼层平台侧面防护装置与吊笼或层门之间任何开口的间距不应大于 150mm。

3）两边应设置不小于 1.5m 高的防护栏杆；平台不得搁置在设备的任何部位上。

4）各楼层应设置楼层层号牌，且便于司机观察。

5）货用施工升降机（物料提升机）平台边缘和吊笼结构之间的间隙不应大于 60mm。

18. 卷扬机

（1）卷扬机

卷扬机是用卷筒缠绕钢丝绳或链条提升或牵引重物的轻小型起重设备，卷扬机可以垂直提升、水平或倾斜牵引重物。

卷扬机可分为手动和电动两种。

电动卷扬机的类型较多，按滚动形式分有单滚筒和双滚筒两种，按传动形式分有可逆齿轮箱式和摩擦式两种。可逆齿轮箱式卷扬机牵引速度慢，牵引力大，载荷下降时安全可靠，适用于设备的吊装、运输和机械安装工作。摩擦式卷扬机牵引速度快，牵引力小，一般应用于建筑工程中。

如图 7-29 所示，可逆式卷扬机是由电动机、减速齿轮箱、滚筒、电磁制动器、可逆控制器及底盘等组成。当卷扬机接通电源后，把1—可逆控制器手柄顺时针转动，使3—电机受电而逆时针方向转动，同时打开2—联锁电磁制动器。3—电动机通过5—挠性联轴器带动6—齿轮箱的输入轴转动。齿轮箱的输出轴上装的小齿轮带动8—大齿轮转动，8—大齿轮固定在9—卷筒上，9—卷筒和8—大齿轮一起转动。9—卷筒卷进钢丝绳使物体提升。当1—可逆控制

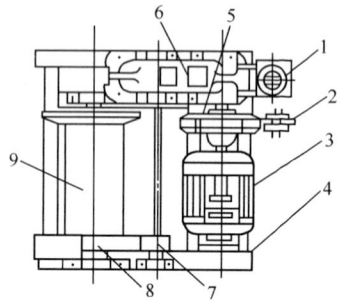

图7-29 可逆式卷扬机

1—可逆控制器；2—电磁制动器；
3—电动机；4—底盘；5—挠性联轴器；
6—齿轮箱；7—小齿轮；8—大齿轮；
9—卷筒

器手柄恢复到零位时，同时切断3—电动机和2—电磁制动器的电源，3—电动机停止转动；2—电磁制动器的闸瓦牢牢地抱在5—挠性联抽器上，不使其受物体重心作用而转动，使物体停止在空中。反之，将1—控制器手柄向逆时针方向转动，使3—电动机受电后向顺时针方向转动，从而9—卷筒松出钢丝绳，物体下降。

（2）曳引机

曳引机的功能是输送与传递动力使吊笼运行。它由电动机、制动器、联轴器、减速箱、曳引轮、机架和导向轮及附属盘车手轮等组成。如图7-30所示。

工作原理：吊笼与对重装置的重力使曳引钢丝绳压紧在曳引轮槽内产生摩擦力。电动机转动带动曳引轮转动，驱动钢丝绳，拖动吊笼和对重作相

图7-30 曳引机

对运动，完成垂直运送物料的任务。

19. 天梁

天梁一般由槽钢组焊而成，安装于结构架体的顶部，上面布置滑轮组用于传导起重钢丝绳牵引吊笼或对重做上下运行。如图7-31所示。

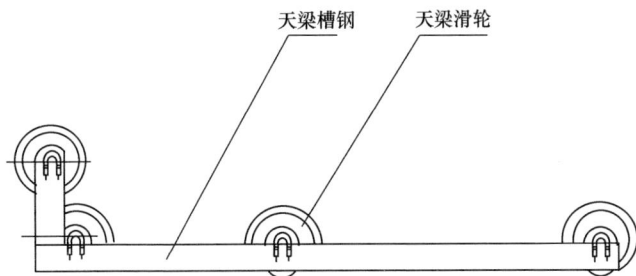

图7-31 天梁合成示意图

20. 缆风绳

当物料提升机安装条件受到限制不能使用附墙架时，可使用缆风绳，缆风绳的设置应符合说明书的要求，如图7-32所示。揽风绳应符合下列规定：

（1）每一组四根缆风绳与导轨架的连接点应在同一水平高度，且应对称设置；缆风绳与导轨架的连接处应采取防止钢丝绳受剪破坏的措施。

（2）缆风绳宜设在导轨架的顶部：当中间设置缆风绳时，应采取增加导轨架刚度的措施。

（3）缆风绳与水平面夹角宜在 $45°\sim60°$ 之间，并应采用与缆风绳等强度的花篮螺栓与地锚连接。

（4）当物料提升机安装高度大于或等于30m时，不得使用缆风绳。

（5）地锚可以用脚手架钢管 $\phi48$ 或L_75×6的角钢制作，打入地下深度不小于1.7m（土质疏松时应适当加长或采用水平式地锚）。2根地锚间距一般为1m，地上部分可用钢管扣件轧牢或

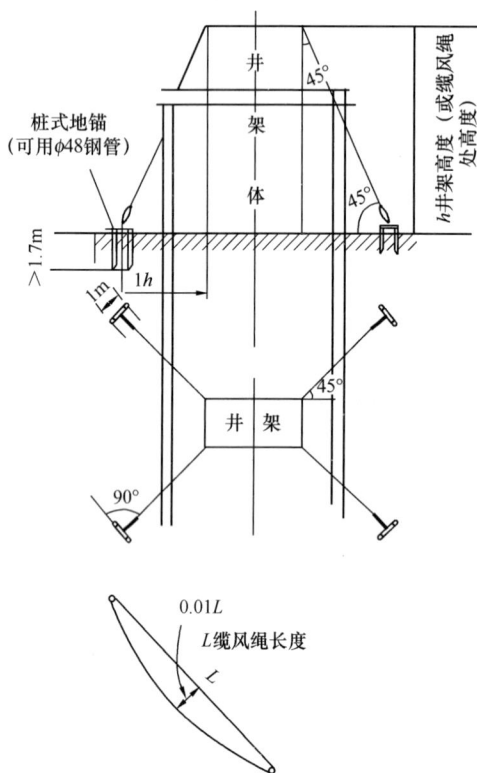

桩式地锚
（可用φ48钢管）

>1.7m

1m

1h

井架体

井架高度（或缆风绳处高度）

45°

45°

45°

井架

90°

0.01L

L缆风绳长度

L

图 7-32　揽风绳的设置

焊牢。缆风绳固定于横管上应有定位措施，以防止在管上滑移。当在建筑物高度具备了设置附墙架的条件时，应用附墙架取代缆风绳。

（6）四角 4 根缆风绳的受力应均匀，其张紧度应一致。张紧度一般用缆风绳的垂度来判别。试验表明，当垂度直偏差为 0.01L 时，缆风绳的张紧度合适。调节钢丝绳的张紧度不准同边两根收紧，应当对角的两根（最好同时）收紧（或放松），使垂直度偏差保持相等并均匀，以 0.1L 为宜。花篮螺栓应选用与缆风绳相匹配的型号。

21. 地锚

地锚是物料提升机架设中用于固定缆风绳、卷扬机及导向滑轮的设施。地锚埋设的可靠与否直接影响其固定的缆风绳；地锚应根据导轨架的安装高度及土质情况，经设计计算确定。地锚一般分桩式地锚、水平地锚和重力地锚。

（1）水平地锚：水平地锚是用一根或几跟圆木捆绑在一起，横向埋入土内，深度根据受力大小和土质情况而定，一般不小于1.5m。挖坑到预计深度时，将道木横卧在坑底，于梁中间捆绑钢丝绳，绳从坑前槽引出与缆风绳连接，通过花篮螺栓，以此来收紧缆风绳。水平地锚应埋设在干燥的地方，排水良好，防止积水浸泡降低土壤的摩擦力从而减小地锚的拉力。木材应选用硬杂木，若使用时间长，须用煤焦油对木材进行防腐处理，填埋时须分层夯实。

（2）桩式地锚：桩式地锚常采用圆木、钢管或角钢作为地锚的材料，成一排或两排竖向埋入土内而成。在一些土质较好，龙门架高度较低，起重量不大的情况下，也可采用打入地锚桩的做法，可利用脚手架钢管或型钢，用大锤直接打入土内，入土深度不小于1.7m，平行打入两根，间距可在1m左右，钢管顶部必须有钢丝绳防脱出措施，缆风绳与平行的两根立管绑牢，使两根立管共同工作。应注意不得将两根立管贴合，一起并排打入，也不得前后打入。从实验中看，前后打入的地桩，相当于一根桩受力，后面桩只起保险作用。此桩受力一般是10kN，超过时不能使用。

（3）重力式地锚：锚桩使用期较长时，可采用重力式地锚。重力式地锚常采用混凝土制成，用预埋的地脚螺栓或挂环固定缆风绳或卷扬机。

除上述几种形式外，还可利用建筑物的梁、柱或设备基础作为临时地锚，但必须经过估算或试拉。

不得利用树木、电杆或脚手架作地锚使用。

30m 以下物料提升机可采用桩式地锚。当采用钢管（48mm×3.5mm）或角钢（75mm×6mm）时，不应少于 2 根，应并排设置，间距不应小于 0.5m，打入深度不应小于 1.7m；顶部应设有防止缆风绳滑脱的装置。

22. 安全停靠装置

采用钢丝绳方式提升的吊笼，应设置安全停靠装置，装置应为刚性机构，且必须能承担吊笼、物料及登笼作业人员等的全部荷载。人员进出吊笼，吊笼不会下滑，确保人员安全。吊笼停层后底板与停层平台的垂直偏差不应大于 50mm。

在吊笼停靠在作业层进出物料时，停靠装置能可靠地支撑吊篮及所载物料和装、卸料人员等全部荷载，形成一个临时工作平台，避免在装卸料作业时，因装、卸料人员动作引起吊篮晃动或下沉造成事故。因为停靠装置将全部荷载都作用于井子架的立柱，可使提升钢丝绳在装、卸料作业时处于不受力状态，防止在装、卸料时因钢丝绳突然断裂或卷扬机制动失灵而发生吊笼坠落事故。

原则上说，断绳防坠落装置均可改为吊笼停靠防坠落装置使用，只要将触发用的细钢丝绳或重力滑动触发块等与吊笼出料门联动。即在门关闭时拉紧细钢丝绳，门打开时将细钢丝绳放松，则可变为楼层停靠安全装置此做法很普遍。其原理示意图如图 7-33 所示。

图 7-33（a）所示为夹轨器装配图，上部为断绳保护夹轨器，下部为停靠夹轨器。图 7-33（b）所示为断绳保护夹轨器状态示意图，右边为牵引钢丝绳未断时的正常运行状态，夹轨器是张开的；左边为断绳状态，夹轨器处于锁紧状态，可将导轨夹紧不使吊笼坠落。图 7-33（c）所示为安全停层夹轨器状态示意图，右边为松开状态，此时门已关闭；左边为出料门已打开的状态，表示吊笼已停靠在某一楼层的出料平台处，这时夹轨器已将导轨夹持住，防止吊笼坠落。

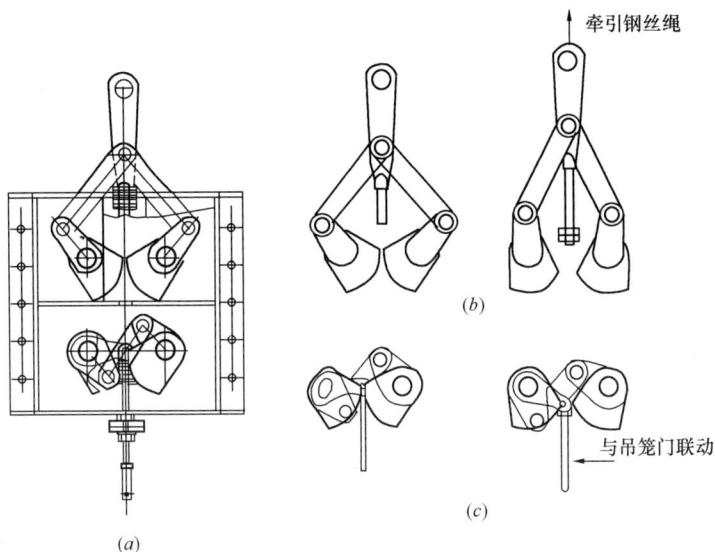

图 7-33　利用夹轨器作楼层停靠装置示意图
（*a*）安全保护摩擦式夹轨器；（*b*）断绳保护夹轨器；（*c*）安全停层夹轨器

23. 紧急断电开关

紧急断电开关应为非自动复位型，任何情况下均可切断主电路停止吊笼运行。紧急断电开关应设在便于司机操作的位置。

24. 摄像监控装置

当司机对吊笼升降运行、停层平台观察视线不清时，必须设置通信装置，通信装置应同时具备语音和影像显示功能。应能通过电视屏幕观察吊笼运行及物料堆放情况，通过双向对话，底层和上层人员能够保持工作联络。此装置多用于货用施工升降机（物料提升机）中。如图 7-34 所示。

目前装在物料提升机上的可视安全系统分为有线和无线 2 种。无线系统由于抗干扰能力差，蓄电池经常需充电等缺点，使用较少。有线可视安全系统一般由三部分组成：安装在吊笼上的摄像头 5，电缆引入装置 6、7、8 和显示器 3。

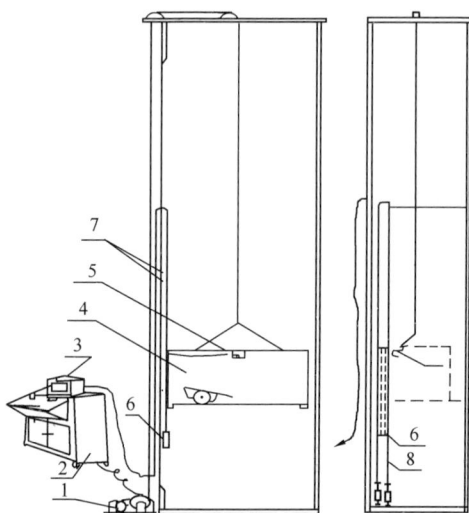

图 7-34 可视安全系统安装示意图

1—卷扬机；2—自动控制柜；3—显示器；4—吊笼；

5—摄像头；6—电缆滑车；7—监控电缆；8—滑车轨道

25. 进料口防护棚

防止高处坠物对人员造成物体打击伤害，在进料口处搭设的防护设施，如图 7-35 所示。

图 7-35 进料口防护棚

进料口防护棚应设在提升机地面进料口上方，其长度不应小于 3m，宽度应大于吊笼宽度。顶部可采用厚度不小于 50mm 的木板搭设。当采用厚度不小于 1.5mm 的冷轧钢板，应设置钢骨架。顶部强度应符合在任意 0.01m² 面积上作用 1.5kN 的力时，不应产生永久变形的要求。

上料口防护棚应在架体三面设置（除进料面外），防护棚应设置两层，上下间距不小于 600mm，采用脚手片的，上下层应垂直铺设。

第二节　分类和型号

1. 施工升降机的分类

（1）按传动形式分为三大类型：齿轮齿条式、钢丝绳式、混合式。

齿轮齿条式：通过布置在吊笼上的传动装置中的齿轮与布置在导轨架上的齿条相啮合，使吊笼沿导轨架做上下运动，来完成人员和物料输送的施工升降机。

钢丝绳式：是由提升钢丝绳通过布置在导轨架上的导向滑轮，用设置在地面上的卷扬机（或曳引机）使吊笼沿导轨架做上下运动的一种施工升降机。

混合式：它是一种把齿轮齿条式升降机和钢丝绳式升降机混合为一身的施工升降机。一个吊笼由齿轮齿条驱动，另一个吊笼采用钢丝绳提升。

（2）按使用用途分类

人货两用升降机：为运送工作人员及搬运建材机具等小型货物而设计的升降机，其吊笼无内部装饰，井架导轨机构简易，目前最为普遍使用于高楼建筑工地中。

载人用升降机：此为运送人员而设计的升降机，主要用于超高大楼、高架道路桥梁、水坝等载人流量大或底层完工的建筑场所，它和人货两用升降机最大的不同在于运送对象以人为主，吊笼内部装饰及围栏防护构造不同，安全装置完备。

载货用升降机：仅为搬运建材机具等货物而设计的升降机，大容量者可连同卡车、堆高机等一起搬运。

特殊用途升降机：为特殊建筑环境、特殊条件用途而设计的升降机。如小型或较低建筑物施工时，所采用的油压驱动形式升降工作台，及建筑物外部装修时，用于简易升降的吊笼等。

（3）按升降速度分类

低速升降机：吊笼升降速度小于或等于 0.1m/s。

快速升降机：吊笼升降速度介于 0.1～2m/s 之间。

高速升降机：吊笼升降速度大于或等于 2m/s。

（4）按牵引电动机供电电源分类

交流电源供电：大多用于须具备较大调速范围和升降速度小于 1m/s 的升降机。

直流电源供电：一般用于高速升降机。

（5）按传动机械装设位置分类

传动机械装设于上部，如齿条齿轮式升降机。传动机械装设于下部。传动机械装设于吊笼内部，如齿条齿轮式升降机。

（6）货用施工升降机的特殊分类法

1）按提升高度分

A. 高架货用施工升降机（物料提升机），提升高度 30m（不含 30m）以上。

B. 低架货用施工升降机（物料提升机），提升高度 30m（含 30m）以下。

2）按提升点分

A. 中心提升式货用施工升降机（物料提升机），提升点在吊笼的中心。

B. 偏心提升式货用施工升降机（物料提升机），提升点在吊笼的一边（一般靠近导轨架）。

3）按钢丝绳的提升方式分

A. 卷扬机式货用施工升降机（物料提升机），即其动力装置是卷扬机。

卷扬机驱动的优点是结构简单、成本低廉。而其缺点是应用在升降机上很难做到 2 根钢丝绳独立牵引，如果 1 根钢丝绳断裂，则吊笼坠落事故将难以避免；采用卷扬机强制牵引提升，在电气上限位装置失效时会发生冲顶事故。这些都将大大降低其传动的可靠性，尤其在发生松绳的情况下，这个弱点最为突出。

B. 曳引机式货用施工升降机（物料提升机），即其动力装置是曳引机。

曳引式驱动是利用钢丝绳在曳引轮槽中的摩擦力来带动重物提升的。它的曳引摩擦力产生条件是钢丝绳必须压紧在曳引轮槽中，压力愈大摩擦力愈大，因而在升降机中必须有对重物，它与吊笼的重力使钢丝绳压紧在曳引轮槽中，另外曳引力大小还与钢丝绳在曳引轮上的包角有关系，包角愈大，曳引摩擦力也愈大。

对于曳引机传动来讲，其优缺点都比较突出。

它的优点是：

一般为多根钢丝绳独立并行曳引，如 4～5 根，因而同时发生钢丝绳断裂造成吊笼坠落的概率很小。

一旦对重落地，曳引力将很快减小；即使吊笼超载，钢丝绳也将在曳引轮上打滑，所以即使在电气限位失效的情况下，吊笼一般也不可能发生冲顶事故。

每根钢丝绳在曳引轮上缠绕一般只有几圈，而且始终是绷紧的，不易脱绳或因弄混而损坏钢丝绳。

吊笼有部分重力可以由对重物平衡，故曳引机的电机容量可减小，节省电能。

它的缺点是：

必须要有对重物，升降机上还应加装对重导轨；要用 4～5 根钢丝绳，相应成本较高；钢丝绳的磨损比卷扬机牵引式大，架设时也比较麻烦。

4）按架体构造分

按架体构造不同可将货用施工升降机（物料提升机）分为单柱双笼、双柱单笼、井架式货用施工升降机，最常见的如图 7-36 所示。

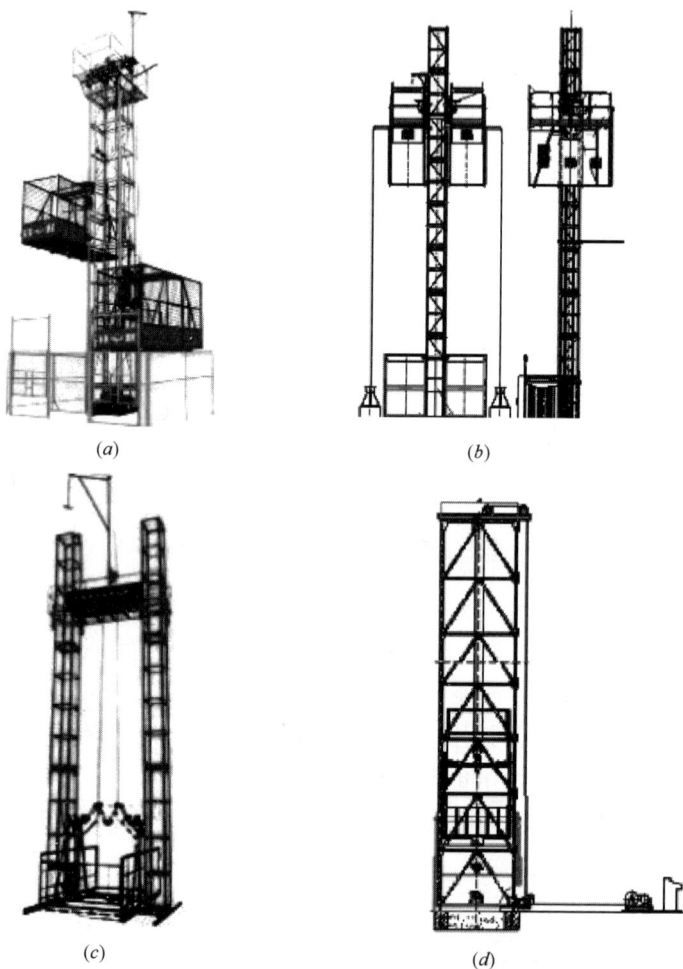

图 7-36　常见的货用施工升降机（物料提升机）外形图

(a) 单柱双笼（钢丝绳牵引或曳引）；(b) 单柱双笼（SC100/100 型）；

(c) 双柱单笼（龙门架）；(d) 井架式货用施工升降机

2. 施工升降机的型号

施工升降机型号由组、型、特性、主参数和变型更新等代号组成。型号说明如下：

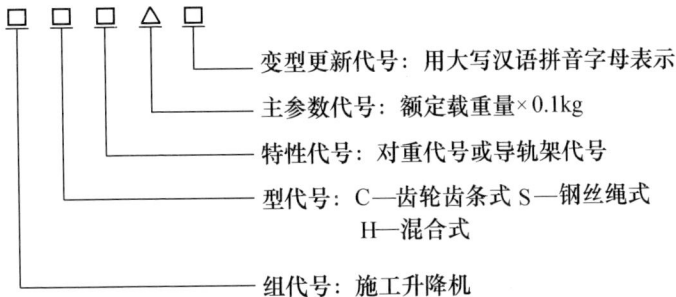

变型更新代号：用大写汉语拼音字母表示

主参数代号：额定载重量×0.1kg

特性代号：对重代号或导轨架代号

型代号：C—齿轮齿条式 S—钢丝绳式
H—混合式

组代号：施工升降机

主参数代号：单吊笼施工升降机只标注一个数值，双吊笼施工升降机标注两个数值，用符号"/"分开，每个数值均为一个吊笼的额定载重量代号。对于 SH 型施工升降机，前者为齿轮齿条传动吊笼的额定载重量代号，后者为钢丝绳提升吊笼的额定载重量代号。

特性代号：表示施工升降机两个主要特性的符号。

（1）对重代号：有对重时标注 D，无对重时省略。

（2）导轨架代号：对于 SC 型施工升降机：三角形截面标注 T，矩形或片式截面省略；倾斜式或曲线式导轨架则不论何种截面均标注 Q。对于 SS 型施工升降机：导轨架为两柱时标注 E，单柱导轨架内包容吊笼时标注 B，不包容时省略。

例如：齿轮齿条式施工升降机，双吊笼有对重，一个吊笼的额定载重量为 2000kg，另一个吊笼的额定载重量为 2500kg，导轨架横截面为矩形，其表示方法为：施工升降机 SCD200/250。

钢丝绳式施工升降机，单柱导轨架横截面为矩形，导轨架内包容一个吊笼，额定载重量为 3200kg，第一次变型更新，其表示方法为：施工升降机 SSB320A。

第三节 主 要 参 数

1. 额定载重量 G

工作状态下吊笼允许的最大荷载（单位：kg）。

2. 额定提升速度 *V*

吊笼装载额定载重量，在额定功率下，稳定上升的设计速度（单位：m/s）。

3. 电动机额定功率 *W*

电动机在额定运行（额定电压，额定频率，额定负载）条件下，转轴上输出的机械功率。就是说，额定功率并不是指在实际运行过程中的一个数值，它的含义实际上是描述了电动机的做功能力（单位：kW）。

4. 最大提升高度 *H*

吊笼运行至最高上限位时，吊笼底板与底架平面间的垂直距离（单位：m）。

5. 吊笼净尺寸标准节尺寸 *L*

吊笼内空间的大小（单位：mm）。

6. 吊笼重量 G_1

无任何载荷情况下吊笼的总质量（单位：kg）。

7. 对重重量 G_2

无任何力的作用下对重的总质量（单位：kg）。

示例：见表 7-2。

SC200/200 施工升降机主要性能参数　　表 7-2

参数型号		SC200/200	SC200/200（变频）
额定载重量（kg）		2×2000	2×2000
额定乘员数（人）		2×12	2×12
额定起升速度（m/min）		28	0~33
最大起升高度（m）		150	150
导轨架尺寸（m）		0.65×0.65×1.508	0.65×0.65×1.508
吊笼尺寸（m）		3.2×1.5×2.4	3.2×1.5×2.4
电动机	型号	YZZ132M-4	YZZ132M-4
	额定功率（kW）	11×3×2	11×3×2

参数型号		SC200/200	SC200/200（变频）
减速机	中心距（mm）	125	125
	传动比	1：16	1：16
安全器	型号	SAJ40-1.2	SAJ40-1.2
	形式	渐进式	渐进式
	动作速度 m/s	1.2	1.2
	制动力矩（N·m）	4000	4000
自由端高度（m）		7.5	7.5

第四节 电 气 系 统

1. 电气元部件

任何复杂的控制线路都是由一些基本的单元电路所组成，而基本单元电路则由若干的功能不同的电气元件组合而成。为此，必须先了解电气元件的结构、动作原理以及它们的控制作用。

（1）电子元件：电容、电感、二极管

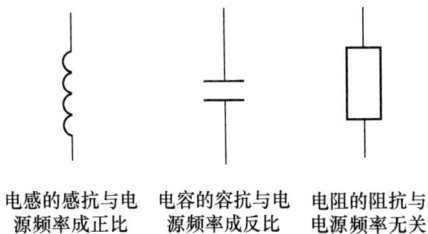

电感的感抗与电源频率成正比　　电容的容抗与电源频率成反比　　电阻的阻抗与电源频率无关

图 7-37　电感与电容

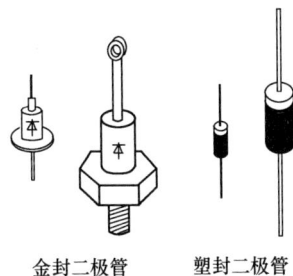

金封二极管　　塑封二极管

图 7-38　常见二极管外形

（2）低压电器

1）接触器：仅一个休止位置，能接通、承载和分断正常电路条件（包括过载运行条件）下电流的非手动操作的机械开关电器。如图 7-39 所示。

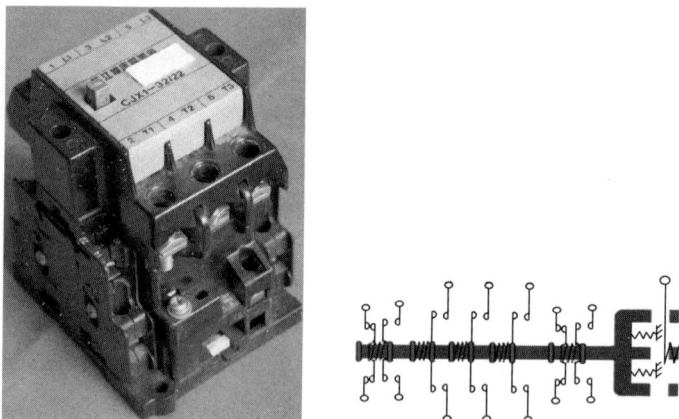

图 7-39　交流接触器结构原理图

作用：可远距离、频繁通断交直流负载电路，具有欠压保护、零压保护功能。

线圈通电→线圈电流建立磁场→静铁心产生电磁吸力→吸合衔铁→带动触头动作→常闭触头断开，常开触头闭合线圈断电→电磁力消失→反作用弹簧使衔铁释放→各触头复位

图形符号：　　　　线圈　　主触头　　辅助常　　　辅助常

2）继电器

作用：主要用于控制和保护电路中，作信号转换用。即当输入信号变化时，继电器产生相应动作，通断控制回路。

特点：输入信号可为电量（电压、电流、频率等）和非电量

（温度、压力、速度、时间等）；输出电路（执行元件）通常为触点。

按输入信号性质继电器分为：电压继电器、电流继电器、中间继电器、时间继电器、速度继电器、温度继电器、压力继电器等。

按工作原理可分为：电磁式继电器、热继电器、感应式继电器、电子式继电器、电动式继电器等。

① 过电流继电器KA：当继电器的电流超过预定值时，引起开关电器有延时或无延时动作；如图7-40所示。

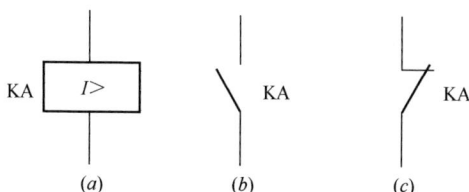

图7-40　过电流继电器
（a）线圈；（b）常开触点；（c）常闭触点

② 欠电流继电器KA：当通过继电器的电流减小到低于其整定值时动作。

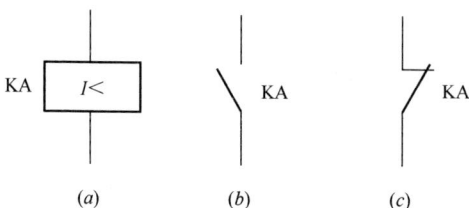

图7-41　欠电流继电器
（a）线圈；（b）常开触点；（c）常闭触点

③ 过电压继电器KA：当电压大于其整定值时动作（图形符号略）。

④ 欠电压继电器KA：当电压降至某一规定范围时动作。

⑤ 中间继电器 KA：用来增加控制电路中的信号数量或将信号放大的继电器。

⑥ 时间继电器 KT：时间延时、瞬时闭合或断开。

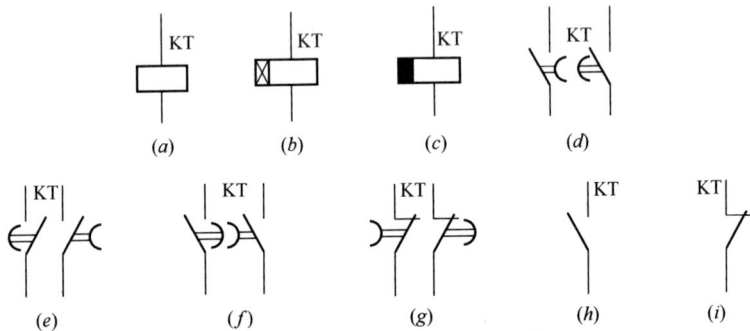

图 7-42　时间继电器

(a) 线圈一般符号；(b) 通电延时线圈；(c) 断电延时线圈；(d) 延时闭合动合触点；(e) 延时断开动断触点；(f) 延时断开动合触点；(g) 延时闭合动断触点；(h) 瞬时动合触点；(i) 瞬时动断触点

⑦ 温度继电器 FR：当温度达到规定值时动作的继电器。

热元件　　常开触头　　常闭触头

图 7-43　温度继电器

特点：电机启动或短时过载时，不会动作。

3）熔断器 FU

熔断器主要用来保护电气系统的短路。当系统的冲击负荷很小或为零时以及电气设备的容量较小或对保护要求不高时，宜兼做过载保护。

4）刀开关 QS

作用：用于电源与线路间的隔离，俗称闸刀。

起重机宜装设能切断所有供电的主隔离开关。其主隔离开关在断开状态时，应有明显断开点和有效断开距离。

5）万能转换开关 SA

万能转换开关实际是一种多档位、多触点、能够控制多回路

96

的组合开关。

作用：用于控制设备中线路的换接、远距离控制和电流表、电压表的换相测量等。也可用于小容量电动机的启动、换向、调速控制。

各触头在手柄转到不同档位时的通断状态用黑点"·"表示，有黑点者表示触头闭合，无黑点者表示触头断开，如图7-44所示。

图 7-44　万能转换开关

6）断路器 QF

在正常电路条件下能接通、承载以及分断电流，也能在规定的非正常电路条件（例如短路）下接通、承载一定时间和分断电流的开关电器。

作用：作过载、短路、欠压、漏电保护，自动切断故障电路，如图7-45所示。

7）按钮 SB

按钮在低压控制电路中，用于发布手动指令，如图7-46所示。

按钮由钮帽、复位弹簧、桥式触点和外壳等组成。

图 7-45　断路器

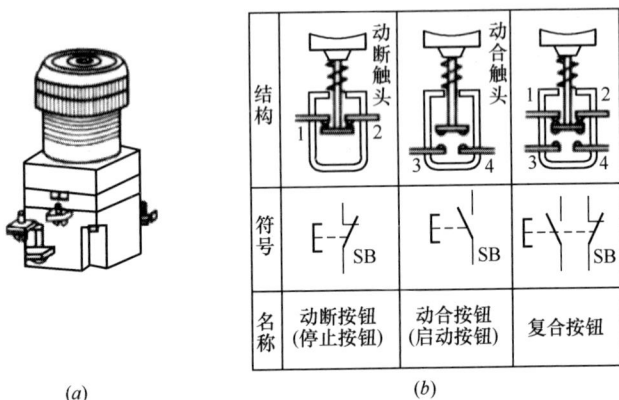

	动断触头	动合触头	
结构	1 2	3 4	1 2 / 3 4
符号	E-⌐/ SB	E-⌐/ SB	E-⌐/ ⌐/ SB
名称	动断按钮(停止按钮)	动合按钮(启动按钮)	复合按钮

图 7-46　按钮示意图

(a) LA19 系列按钮；(b) 按钮结构及符号

按钮在外力作用下，首先断开常闭触头，然后再接通常开触头。复位时，常开触头先断开，常闭触头后闭合。触点又分常开触点（动合触点）和常闭触点（动断触点）两种。

8）凸轮控制器 SA

凸轮控制器是一种大型的手动控制器，主要用于直接控制中小型异步电动机的启动、停止、调速、换向和制动，适用于起重机的运行机构和采用小容量电动机的起升机构。

凸轮控制器动作状态，是利用关合表的形式来标志的。它的触头除了操纵电动机定子电路的换向和切除电动机转子电路中起动调速电阻的功能外，其他的触头是作为控制电路中的零位保护、失压保护以及限位保护等联锁之用的，如图 7-47所示。

9）主令控制器 SA

主令控制器是按照程序转换控制电路的一种主令电器，用它在控制系统中发布命令，通过接触器/继电器来实现对电动机的启动、制动、调速和反转控制，如图 7-48 所示。

主令控制器工作原理和凸轮控制器类似，由每个凸轮控制一

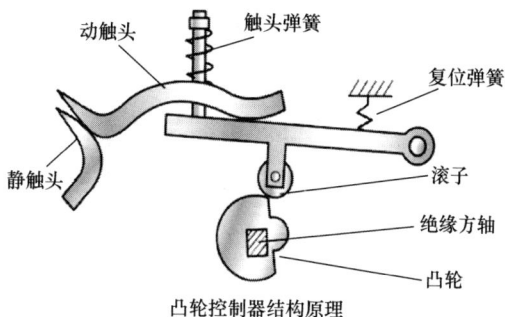

凸轮控制器结构原理

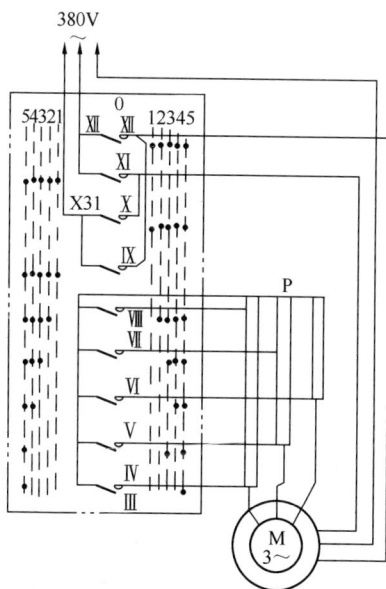

图 7-47 凸轮控制器

对触头，触头用来控制电路，凸轮制成各种形状，使得触头按照一定的次序接通和分段。

10）行程开关 SQ

行程开关是一种利用生产机械的某些运动部件的碰撞来发出控制指令的主令电器，用于控制生产机械的运动方向、速度、行

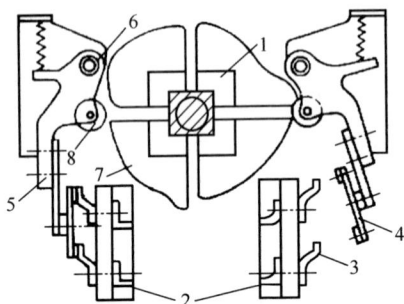

主令控制器的结构示意图

1—凸轮块；2—接线柱；3—固定触头；4—动触头

5—支杆；6—转动轴；8—小轮

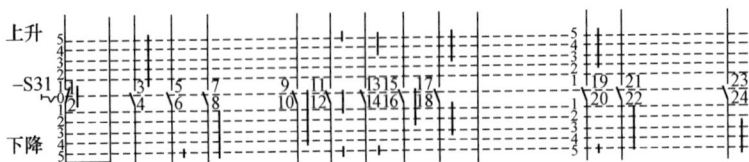

图 7-48　主令控制器

程大小和位置保护等。当行程开关用于位置保护时，亦称为限位开关，如图 7-49 所示。

从结构上，行程开关主要分为：操作机构、触头系统和外壳三个部分。当机械的运动部件撞击触杆时，触杆下移使常闭触点断开，常开触点闭合；当运动部件离开后，在复位弹簧的作用下，触杆恢复到原来位置，各触点恢复常态。

2. 电气安全保护装置

由于目前各标准和安全技术规范对起重机械电气保护的规定不尽相同，因此本节主要对施工升降机、货用施工升降机（物料提升机）的电气安全保护装置进行介绍。

（1）电动机的保护

电动机应具有如下一种或一种以上的保护功能，具体选用应按电动机及其控制方式确定：

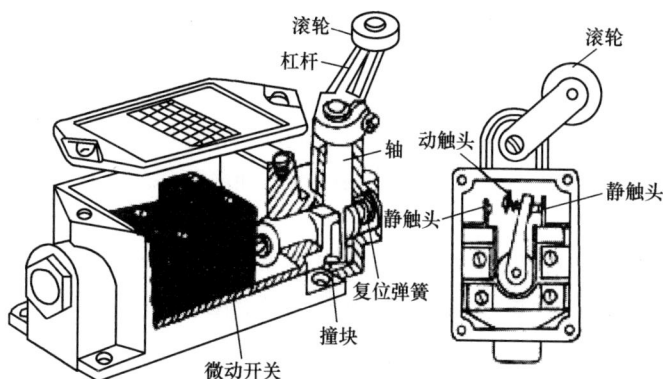

图 7-49 行程开关

1）瞬动或反时限动作的过电流保护，其瞬时动作电流整定值应为电动机最大电流的 1.25 倍左右；

2）在电动机内设置热传感元件；

3）热过载保护。

电动机的过载保护可用过载保护器、温度传感器或电流限制装置等器件来实现。

（2）线路保护

所有线路都应具短路或接地引起的过电流保护功能，在线路发生短路或接地时，瞬时保护装置应能分断线路。对于导线界面较小，外部线路较长的控制线路或辅助线路，当预计接地电流达不到瞬时脱扣电流值时，应增设热脱扣功能，以保证导线不会因接地而引起绝缘烧损。

（3）错相和缺相保护

当错相和缺相会引起危险时，应设错相和缺相保护。如果电源电压的相序错误会引起危险情况或损坏起重机械，则应提供相序保护。

采用通电试验方法，断开供电电源任意一根相线或者任意两相换接。检查有断错相保护的升降机供电电源的断错相保护是否有效，总电源接触器是否接通。

（4）零位保护

升降机各传动机构应设有零位保护。运行中若因故障或失压停止运行后，重新恢复供电时，机构不得自行动作，应人为将控制器置回零位后，机构才能重新启动。

开始运转和失压后恢复供电时，必须先将控制器手柄置于零位后，该机构或者所有机构的电动机才能启动。

（5）失压保护

当升降机供电电源中断后，凡涉及安全或不宜自动开启的用电设备均应处于断电状态，避免恢复供电后用电设备自动运行。

电源中断或电压下降会引起危险情况时，例如损坏升降机或载荷，则应在预定的电压值下提供欠压保护（如断开升降机电源）。对于手动控制的升降机，可不用欠压保护。

若升降机的运行允许电压短时中断或下降，则可配置带延时的欠压保护器件。欠压保护器件的工作不应妨碍升降机的任何停车控制操作。

当升降机供电电源中断后，凡涉及安全或者不宜自动开启的用电设备，均应当处于断电状态以避免恢复供电后用电设备自动保护。

（6）接地与防雷

交流供电起重机电源应采用三相（$3\phi+\text{PE}$）供电方式。设计者应根据不同电网采用不同形式的接地故障保护，并由用户负责实施。

升降机本体的金属结构应与供电线路的保护导线可靠连接。升降机的底架可连接到保护接地的电路上。但是它们不能取代从电源到升降机的保护导线（如电缆、集电导线或滑触线）。司机室与升降机本体接地点之间应用双保护导线连接。

升降机所有电气设备外壳、金属导线管、金属支架及金属线槽均应根据配电网情况进行可靠接地（保护接地或保护接零）。

严禁用升降机金属结构和接地线作为载流零线（电气系统电压为安全电压除外）。

在每个引入电源点，外部保护导线端子应使用字母 PE 来标明。其他位置的保护导线端子应使用图示符号 ⏚ 或用字母 PE，或用黄/绿双色组合标记。

对于安装在野外且相对周围地面处在较高位置的升降机，应采取措施避免雷击对其高位部件和人员造成损坏和伤害。对于保护接地系统，升降机的重复接地或防雷接地的接地电阻不应大于10Ω。对于保护接地系统的接地电阻不应大于4Ω。

采用整体金属结构做接地干线时，整体金属结构与供电电源保护接地线应当可靠连接。不采用整体金属结构做接地干线时，电气设备正常情况下不带电的外露可导电部分应当直接与供电电源保护接地线连接。

检查接地形式，用接地电阻测量仪测量升降机接地电阻。测量重复接地电阻时，应当把零线从接地装置上断开。检查是否符合以下要求：

1）采用 TN 接地系统时，零线重复接地处的接地电阻不大于 10Ω（测量时把接地线从重复接地体上断开）；

2）采用 TT 接地系统时，升降机电气设备的外露可导电部分（电源保护接地线）的接地电阻不大于 4Ω 或者升降机金属结构的接地电阻与漏电保护器动作电流的乘积不大于 50V；

3）采用 IT 接地系统时，升降机电气设备的外露可导电部分（电源保护接地线）的接地电阻不大于 4Ω。

（7）绝缘电阻

对于电网电压不大于 1000V 的，在电路与裸露导电部件之间施加 500V 时测得的绝缘电阻不应小于 1MΩ。

对于不能承受所规定的测试电压的元件（如半导体元件、电容器等），试验时应将其短接。试验后，对被试电器进行外观检查，应无影响继续使用的变化。

按被检设备的电压等级确定检验方法。额定电压不大于 500V 时，断开电源，人为使升降机上的接触器、开关全部处于闭合状态，使升降机电气线路全部导通，将 500 兆欧表 L 端接于电气线路，E 端接于升降机金属结构或者接地极上、测量绝缘电阻值；也可以采用分段测量的方法。测量时应当将容易击穿的电子元件短接。

检查是否符合以下要求：

1）额定电压不大于 500V 时，一般环境中不低于 0.8MΩ，潮湿环境中不低于 0.4MΩ；

2）电气线路对地、架体、吊笼、提升机构的绝缘值均不低于 1MΩ。

（8）照明与信号

每台升降机的照明回路的进线侧应从升降机电源侧单独供电，当切断升降机总电源开关时，工作照明不应断电。各种工作照明均应设短路保护。

当室外起重机总高度大于 120m 且周围无高于升降机顶尖的建筑物和其他设施，或升降机妨碍空运或水运时，应在其顶部装设红色障碍灯。灯的电源不应受升降机停机影响。

升降机应有指示总电源分合状况的信号，必要时还应设置故障信号或报警信号。信号指示应设置在司机或有关人员视力、听力可及的地点。

3. 电缆要求及保护

施工升降机、货用施工升降机（物料提升机）的连接电源箱的电缆，其电压和电流应满足施工升降机的使用要求并有可靠的接地措施，并检查电缆是否因磨损或扭曲而发生漏电现象。

电缆卷筒是用来收放主电缆的部件。当吊笼向上运行时，吊笼带动电缆卷筒内的主电缆向上运行，当吊笼向下运行时，主电缆缓缓收入电缆卷筒内，防止主电缆散落在地上而被轧坏发生危险。

电缆臂架是拖动主电缆上下运行的装置，主电缆由电缆臂架拖动，可以安全地通过电缆护圈，防止因电缆被刮伤而发生意外。

电缆护圈是为了保护电缆而设置的，当升降机运行时电缆处于护圈之内，防止吊笼在运行过程中电缆与附近其他设备因缠绕而发生危险。

电缆护圈一般固定在楼层平台钢管结构上。

第八章 施工升降机的安装与拆卸

施工升降机以及货用施工升降机（物料提升机）（以下统称"升降机"）是纳入国务院特种设备目录之起重机械中的一个品种，《建筑起重机械安全监督管理规定》（建设部令第166号）对房屋建筑工地和市政工程工地安装、拆卸、使用的起重机械作出了明确规定，升降机安装与拆卸必须照章执行。

升降机安装与拆卸是一项系统工程，从施工工程确定使用升降机开始到使用完毕拆除结束，形成一个闭合环链。在整个闭合环链的每个节点，涉及的出租单位、安装单位、施工总承包单位、施工单位以及监理单位不同程度参与其中，因此各参与方应依据相关法律、法规、标准及规范履行相应职责。

建筑施工机械安装单位是升降机安装与拆卸过程的直接执行者应当依法取得建设主管部门颁发的起重设备安装工程专业承包资质和建筑施工企业安全生产许可证，并在其资质许可范围内承揽起重机械安装工程。从事起重机械安装、拆卸的操作人员、起重指挥、电工等人员应经过专门培训，并经建设主管部门考核合格，取得《建筑施工特种作业人员操作资格证书》。

第一节 安装前准备工作

1. 现场勘查

现场勘查确定施工升降机安装位置并勘察场地地质状况，由施工单位会同安装单位确认基础位置以及场地是否满足安装、使用，一般由施工单位负责基础施工。对升降机安装位置的场地、土质情况、基础承载力等进行现场勘查时，主要包括下列项目，并应满足相关要求：

（1）场地应平整夯实；

（2）禁止在松土或沉陷场地直接浇筑基础；

（3）基础承载力应能承受最不利工作条件下的全部荷载；

（4）当基础设置在构筑物上时，应验算承载梁板强度，必要时应采取措施，对承载梁板进行加固；

（5）基础下方不应有暗沟或者孔洞等。

2. 编写施工升降机安装方案

安装单位应当按照安全技术标准及施工升降机性能状况，编写升降机安装、拆卸工程专项施工方案，由本单位技术负责人批准签字后，报送施工总承包单位或使用单位、监理单位审核，并告知工程所在地县级以上建设行政主管部门。

升降机安装、拆卸方案应包括下列主要内容：

（1）工程概况；

（2）编制依据；

（3）作业人员组织和职责；

（4）施工升降机安装位置平面图、立面图和安装作业范围平面图；

（5）施工升降机技术参数、主要零部件外形尺寸和重量；

（6）辅助起重设备的种类、型号、性能及位置安排；

（7）吊索具的配置、安装与拆卸工具及仪器；

（8）安装、拆卸步骤与方法；

（9）安全技术措施；

（10）安全应急救援预案。

3. 安全技术交底

安全技术交底是指将预防和控制安全事故发生及减少其危害的安全技术措施以及工程项目、分部分项工程概况等向作业班组、作业人员做出的说明。安全技术交底制度是有效预防违章指挥、违章作业和预防发生伤亡事故的一种有效措施。施工现场应对安全技术交底做出明确规定，制定相关制度，形成有效的监督机制。

（1）安全技术交底的程序和要求

安装单位技术人员应根据施工升降机安装、拆卸方案向全体安装人员进行安全技术交底，重点明确每个作业人员所承担的拆装任务和职责，以及与其他人员配合的要求，特别强调有关安全注意事项以及安全措施，使作业人员了解拆装作业的全过程、进度安排及具体要求，掌握各自岗位职责和安全操作方法。

安全技术交底应符合下列要求：

1）安装、拆卸单位负责项目管理的技术人员向全体作业人员进行交底；

2）交底必须具体、明确，针对性强；

3）各工种的安全技术交底一般同步进行交底，对安装、拆卸复杂、难度较大或者作业条件危险的工程，应当单独进行各工种的安全技术交底；

4）交底应当采用书面形式，每个作业人员均应签字确认。

（2）安全技术交底的主要内容

1）施工升降机的性能参数；

2）安装、附着及拆卸的程序和方法；

3）各部件的连接形式、连接件尺寸及连接要求；

4）安装、拆卸部件的重量、重心和吊点位置；

5）使用的辅助设备、机具、吊索具的性能及操作要求；

6）作业人员发现事故隐患后应采取的措施；

7）发生事故后应采取的避险和急救措施。

4. 浇筑混凝土基础

（1）基础的浇筑

施工升降机基础应根据使用说明书或工程施工要求进行选择或者重新设计。

1）根据施工升降机基础平面图要求的尺寸进行定位放线确定位置。

2）基础混凝土浇筑前，按照施工升降机基础要求尺寸预留好地脚螺栓的预留孔。

3）将施工升降机底架就位后，安装好地脚螺栓，用符合设计强度等级的混凝土填塞好预留孔，将地脚螺栓固定好。待混凝土强度达到标准要求（7天左右）拧紧螺母。

4）混凝土基础在浇筑过程中，应在基础内预埋底架和预埋螺栓，底架预埋时应把底架的螺栓绑扎在基础钢筋上，底架四个螺栓应在一个平面内。

5）混凝土浇筑时，应振捣密实，并控制好水平标高及地基水平度，基础表面平整度允许偏差为10mm，场地应排水通畅。

（2）基础的安全技术要求

1）施工升降机基础的安全技术要求

① 施工升降机基础应能承受最不利工作条件下的全部载荷；

② 对基础设置在地下室顶板、楼面或其他下部悬空结构上的施工升降机，应对基础支撑结构进行承载力验算；

③ 基础四周应设置排水设施；

④ 基础四周5m内不准开挖深沟；

⑤ 30m范围内不得进行对基础有较大振动的施工；

⑥ 基础外形尺寸、混凝土强度应满足使用说明书或者设计要求；

⑦ 基础表面应平整，平整度应满足使用说明书或者设计要求；

⑧ 基础周边与架空输电线应保持安全距离。施工升降机最外侧边缘与外面架空输电线边线之间，最小安全操作距离应符合表8-1的规定。

最小安全操作距离　　　　　　　　　表8-1

外电线路电压（kV）	<1	1～10	35～110	220	330～500
最小安全操作距离（m）	4	6	8	10	15

2）货用施工升降机（物料提升机）基础的安全技术要求

30m及以上货用施工升降机（物料提升机）基础应进行设

计计算，30m 以下当设计无要求时，应符合下列规定：

① 基础土层承载力大于等于 80kPa；

② 基础混凝土强度等级大于等于 C20，厚度大于等于 300mm；

③ 基础表面应平整，水平度小于等于 10mm；

④ 基础周边应设置排水设施；

⑤ 基础四周 5m 内不准开挖沟、槽，避免在其附近进行较大振动施工作业，如无法避让时，必须有保证架体整体稳定的措施。

第二节　安装拆卸程序和方法

升降机安装前应对各部件进行检查。新出厂的单、双笼升降机，在出厂时各部件已检查调试好，可直接安装。对已经使用过的升降机，在安装前必须认真检查各部件，不符合标准要求的应进行修复，达到报废条件的应更换。

1. 安装前所需资料及安装资质证书

（1）安装前所需资料

施工升降机安装前，出租单位、施工总承包单位应向安装单位提供以下资料：

1）升降机制造许可证、产品合格证、使用说明书、产权备案登记证；

2）施工升降机基础验收表；

3）地基承载力报告或相应的加强措施（如需要）；

4）（基础）隐蔽工程验收单；

5）施工升降机基础混凝土强度报告。

（2）安装资质证书

1）施工升降机安装单位应具备建设行政主管部门颁发的起重设备安装工程专业承包资质和建筑施工企业安全生产许可证；

2）安装单位应配备与承担项目相适应的专业安装作业人员

以及专业安装技术人员；

3）施工升降机的安装、拆卸工、电工、司机等应具有建筑施工特种作业操作资格证书。

2. 安装作业前的检查项目

1）施工升降机安装作业前应重点检查下列项目，并应符合相应要求：

① 对地基基础进行复核，必须满足使用说明书或者设计计算要求；

② 附墙架附着点处建筑结构强度应满足使用说明书要求，预埋件应可靠预埋在建筑物结构上；

③ 结构不得有变形，连接螺栓不得松动；

④ 齿条与齿轮、导向轮与导轨应啮合正常；

⑤ 钢丝绳应固定良好，不得有异常磨损；

⑥ 运行范围内不得有障碍；

⑦ 安全保护装置应灵敏可靠；

⑧ 安装作业所需的专用电源配电线、辅助起重设备和其他安装辅助用具的机械性能和安全性能应满足安装需求。

2）货用施工升降机（物料提升机）安装作业前应重点检查下列项目，并应符合相应要求：

① 地基基础位置和制作应符合要求；

② 地锚位置、附墙架预埋件应牢固可靠并符合要求；

③ 架体、吊笼、天梁、把杆和附墙架等结构件应配套完好；

④ 提升机构（卷扬机）应完好，拟安装位置应符合要求；

⑤ 电气设备应齐全可靠；

⑥ 运行范围内不得有障碍；

⑦ 现场电源供应设施应符合要求。

3. 施工升降机安装步骤

目前使用最广泛的是齿轮齿条式施工升降机，因此，本节详细介绍齿轮齿条式施工升降机的安装步骤，其他形式的升降机安装步骤和方法参照执行或者按照使用说明书进行。

以 SC（D）200/200 型施工升降机为例，其安装步骤如下：

（1）底笼（围栏）安装

1）将基础表面清扫干净；

2）安装基础构架，把拼装好的基础防护围栏整体吊放在基础上，校正后对地脚螺栓稍加固定。

3）利用现场起重设施先安装好三个标准节，此时标准节导向锥面上应涂润滑脂，以 350N·m 力矩拧紧连接螺栓，随后调整提升齿条固定位置，然后用水平仪或者经纬仪双向（互成90°）调整由三个标准节组成的导轨架垂直度和平行度，直到符合要求后以 700N·m 力矩紧固地脚螺栓，确保基础件就位精确。

（2）吊笼安装

1）在基础构架上吊装吊笼并放置吊笼缓冲装置，调整提升齿轮副的啮合状况、背轮与齿条背面的滚动间隙、导向滚轮与导轨架导管的配合间隙、侧向滚轮对导轨架导管的吻合度、安全钳与导管的运行间隙，以及吊笼门与基础防护围栏门的机械电气连锁装置等；

2）将电缆筒放置在基础构架的安装位置上，并用螺栓固定；

3）将电气控制盒的开关手柄转到"安装"位置，并将其置于吊笼顶部，切断主开关，然后把动力电缆接到控制盒相应端子上，并接地或接在基础防护围栏上的主开关上。随后接通主开关，施加瞬时起动脉冲，检查吊笼运行方向是否和控制盒上的"上""下"标记一致，否则应变换相应的电缆接头。

4）应在吊笼顶部设置紧急停止安全按钮，用以防止吊笼在安装工作期间发生事故。

注意：安装、拆卸、维修、保养时，都必须在吊笼顶部操作。

（3）导轨架（标准节）安装

1）导轨架（标准节）应存放在靠近安装工地干燥坚实的场地上；

2）安装导轨架（标准节）时，必须把附墙架、电缆导向架等安置在规定位置；

3）将安装吊杆装至吊笼顶面，把一段安全栏杆打开，放下吊钩，用专用吊环钩住一个标准节，把标准节吊至吊笼顶部。用同样方法，依次吊装其余的标准节，然后关上安全栏杆；

4）驱动吊笼上升，尽可能接近导轨架顶端（约 500mm 处），同时按下吊笼顶部的紧急停止按钮，以防意外。注意：吊笼升降时，安装吊杆上不得挂有标准节；

5）吊起一个标准节，导向锥面涂上润滑脂，使吊起的标准节越过导轨架顶端，对准下面一节标准节的导向锥孔，放下吊钩，用螺栓加以固定，然后松开吊钩。将吊杆转回，操纵吊笼降至适当位置，拧紧全部连接螺栓，拧紧力矩为 350N•m；

6）如果工地配备适当的起吊设备，则可以将 3～4 节标准节在地面组装后吊上导轨架；

7）重复上述过程，直至达到导轨所要求的高度为止。附墙架必须安装。若不用对重，最上面标准节四个角的管子须套上盖子；

8）用力矩扳手拧紧所有标准节连接螺栓，拧紧力矩为 350 N•m。

（4）对重装置安装

1）如果升降机带对重，必须在导轨架竖起前将对重运到现场，如果对重装在侧面，对重导轨也应同时运到现场；

2）在安装第三个标准节后，打开基础防护围栏侧墙板，在基础构架上安装对重缓冲弹簧，把对重导轨装在对重一侧的导轨架上，用一块样板校正两条对重导轨两侧的距离，随后校直。对重装上导向滚轮部件，并置对重于导轨中，下部用 300mm 左右厚的枕木垫起，以利于吊笼上、下限位开关的安装调整。

（5）天轮和钢丝绳安装

1）把天轮架、绳索护架和对重用钢丝绳吊放在吊笼顶部；

2）驱动吊笼，使其上升到导轨架顶端以下 500mm 处，扣

好 φ18.5mm 钢丝绳保险带，按下紧急停止按钮，作业人员系好安全带，用安装吊杆把所要安装的天轮架部件放置在导轨架顶部的安装位置上，用螺栓固定；

3）把钢丝绳绕过天轮架的滑轮，放坠到地面的对重上；

4）在吊笼顶部安装绳索护架和钢丝绳；

5）依靠地面安装作业人员帮助，把钢丝绳系结到对重上，用楔形锁和专用钢丝绳扣卡紧，受力钢丝绳卡型式、数量等按规定选用；

6）调整钢丝绳松紧度，使绳索均衡装置的开关位于撞铁的中心位置上；

7）安装限位撞铁；

8）检查对重运行轨道上有无其他障碍；

9）确保在吊笼完全压缩地面缓冲装置时，对重上沿距天轮架底部的距离不少于 500mm，反之。当对重完全压缩地面缓冲装置时，吊笼顶部距天轮架底部的距离不少于 500mm。

（6）电缆导向设施安装

在导轨架接高过程中，要同时安装电缆引导器，有不带滑轮和带滑轮两种结构，在安装时稍有差异。

1）第一道电缆引导器距电缆筒上沿为 1.75m，第二道距第一道为 3m，第三道距第二道为 4.5m，以后每道各相距 6m，最后一道距导轨架顶部约 4.5m；

2）调整电缆引导器位置，使吊笼的电缆固定架正好能在电缆引导器的板簧之间通过，同时还应确保吊笼和对重在上、下运行时不与电缆引导器固定臂相碰；

3）按规定程序装上电缆，其长度应符合拟架设的导轨架高度的要求，事先将其盘成环束，系紧在导轨架底部，以便在导轨架加节时，逐步拉出使用。

（7）停层平台安装

随着附墙架的安装，可同时进行停层平台的安装。

1）安装在通道上，一般位于建筑物表面凸出部分，是吊笼通向建筑物的桥梁，支撑在竖管之间，两侧设置防护栏杆，底面铺设脚手板。

2）在吊笼出口处安装电气联锁的层门或者停层栏杆。

（8）限位开关及极限开关撞铁安装

当导轨架升到所要求的高度后，应安装和调整顶部的上限位撞铁及极限限位撞铁，使吊笼能准确停在顶部停层平台，或在越程后自动切断电源。

1）下限位撞铁的安装和调整

安装和调整下限位撞铁，使空吊笼停在防护围栏门槛以上约30～40mm处。用螺栓紧固底部极限限位撞铁，使得吊笼底板与防护围栏门槛相齐，撞铁上部与限位开关臂杆之间距离约为80～100mm，检查与调整防护围栏门上的机械联锁装置。

2）顶部停层平台上限位撞铁的安装和调整

安装和调整上限位撞铁，限位撞铁的上部安全距离不得小于1.8m。安装时，应使吊笼能准确地停在顶部停层平台面上。

3）顶部停层平台极限限位撞铁的安装和调整

调整极限限位撞铁，使之距吊笼再向上80～100mm后动作。

（9）超载保护装置安装

施工升降机严禁超载运行。超载保护器安装方式如下：

1）传感器销轴将传动机构与吊笼结构联接；

2）将传感器销的接线端与显示器主机上对应的接线端连接。

（10）楼层呼叫系统安装

各楼层应当设置与升降机操作人员联络的楼层呼叫系统。安装方式如下：

1）从电源箱内的分机工作单元的红、黄、蓝接线端（12V）接三条线，沿建筑物高度方向固定在建筑物上；

2）在各楼层安装楼层分机，将分机上的红、黄、蓝三条线与从分机工作单元引出的对应的三条线连接；

3）在建筑物上靠近导轨架每隔50～80m安装一个发射头，

将发射头上的红、黄、蓝三条线与从分机工作单元引出的对应的三条线连接。

施工升降机拆卸的方法与顺序基本上与安装顺序相反，故这里仅给出拆卸时的主要操作及注意事项。

1）首先仔细阅读使用说明书中对拆卸的安全要求；

2）将施工升降机附近区域用栅栏围住，设置安全警戒区域和警示标识；

3）把笼顶操纵盒移到吊笼顶上，并将笼顶操纵盒上的"加节/运行"开关拧到"加节"位置，装好吊杆及安全围栏；

4）将吊笼开到导轨架顶部，拆下两个限位撞块；

5）卸下导轨架标准节，过道竖杆、附墙架等，用吊笼运到地面。注意吊笼顶部一次只能装相当于三节标准节的重量；

6）同时，拆下电缆导向架、撑杆等，直到只有三节标准节时，把吊笼开到缓冲器上；

7）切断主电源，拆下电源电缆，松开吊笼电机的制动闸，用吊车吊走吊笼；

8）拆下三节标准节、基础构架及缓冲器等。

4. 施工升降机安装、拆卸安全操作规程

（1）安装场地应清理干净，安装作业范围应设置警戒线及明显的警示标志。非作业人员不得进入警戒范围。任何人不得在悬吊物下方行走或停留。

（2）进入现场的安装作业人员应佩戴安全防护用品，高处作业人员应系安全带，穿防滑鞋。作业人员严禁夜间或酒后进行安装、拆卸作业。

（3）安装、拆卸作业中应统一指挥，明确分工，危险部位安装、拆卸时应采取可靠的防护措施。当指挥信号传递困难时，可使用对讲机等通信工具进行指挥。

（4）当遇大雨、大雪、大雾或者风速大于13m/s等恶劣天气时，应停止安装、拆卸作业。

（5）电气设备安装应按施工升降机使用说明书规定进行，安装用电应符合《施工现场临时用电安全技术规范》JGJ 46—2005规定。

（6）施工升降机金属结构和电气设备金属外壳均应接地，接地电阻不应大于4Ω。

（7）安装时应确保施工升降机运行通道内无障碍物。

（8）安装作业时必须将按钮盒或操作盒移至吊笼顶部操作。当导轨架或附墙架上有人员作业时，严禁开动施工升降机。

（9）传递工具或器材不得采用投掷方式。

（10）在吊笼顶部作业前应确保吊笼顶部护栏齐全完好。

（11）吊笼顶上所有零件和工具应放置平稳，不得超出安全护栏。

（12）安装作业过程中安装作业人员和工具的总载荷不得超过施工升降机额定安装载重量。

（13）当安装吊杆上有悬挂物时，严禁开动施工升降机。严禁超载使用安装吊杆。

（14）层站应为独立受力体系，不得搭设在施工升降机附墙架的立杆上。

（15）当需安装导轨架加厚标准节时，应确保普通标准节和加厚标准节的安装部位正确，不得用普通标准节替代加厚标准节。

（16）当发现故障或危及安全的情况时，应立刻停止安装作业，采取必要的安全防护措施，应设置警示标志并报告技术负责人。在故障或危险情况未排除之前，不得继续安装作业。

（17）当遇意外情况不能继续安装作业时，应使已安装的部件达到稳定状态并固定牢靠，经确认合格后方能停止作业。作业人员下班离岗时，应采取必要的防护措施，并应设置明显的警示标志。

（18）安装完毕后应拆除为施工升降机安装作业而设置的所有临时设施，清理施工场地上的索具、工具、辅助用具、各种零配件和杂物等。

5. 施工升降机安装拆卸事故隐患及预防

（1）施工升降机安装拆卸事故隐患

施工升降机的安装（含增加高度）、拆卸（含降低高度）过程是事故多发阶段，因其处于非正常工作状态，安装或拆卸时间短或者安拆工期紧迫，人员对相关技术要求极易忽略。安装拆卸事故隐患主要发生在安装拆卸前和安装拆卸过程中。

1）施工升降机安装拆卸前，存在的事故隐患主要表现在：

① 参与各方主体责任不明确；

② 安装拆卸单位及安装拆卸人员资质或者资格上不符合要求；

③ 安装单位未编制专项施工方案或者编制的方案和实际情况不相符；

④ 安装拆卸前未进行安全技术交底。

2）施工升降机安装拆卸过程中，存在事故隐患主要表现在：

① 参与各方没有做到应有的监管；

② 安装拆卸人员配备不齐全；

③ 安全意识淡薄，违章作业，野蛮施工；

④ 缺少必备的安全防护知识；

⑤ 佩戴安全防护用品；

⑥ 事故隐患排查和应急处置能力差。

（2）施工升降机安装拆卸过程中的常见事故及预防措施

施工升降机安装拆卸过程中常见事故主要有物体打击、挤伤事故、高处坠落、机械伤害、触电事故等几大类。

1）物体打击及预防

物体打击是指失控物体惯性力造成的人身伤害事故。施工升降机在安拆过程中，重物（如吊具、试验吊载、安装用工器具等）失落从空中坠落所造成的人身伤亡和设备毁坏的事故。

① 常见形式

a. 空中落物、崩块和滚动物体的砸伤。

b. 硬物、反弹物碰伤、撞击。

c. 器具飞击。

d. 碎屑、破片飞溅。

② 预防措施

a. 作业人员在安拆作业时应戴好安全帽，穿防滑鞋，高空作业时应系安全带。

b. 合理安排安拆作业，避免上下同时作业，消除上层作业场所坠落物体伤害下方人员和设备。

c. 因特殊情况不能避免上下同时作业时，必须采取可靠的安全防护措施。

d. 安拆现场应设立警戒线和安全标志，安排专人、专职监护，严禁无关人员在作业区下方或者吊起的重物下面停留或行走。

e. 高空往地面传递物体时，必须用绳系好放下，严禁抛扔。

2）挤伤事故及预防

挤伤事故是指在安拆作业中，作业人员被挤压在两个物体之间，所造成的挤伤、压伤、击伤等人身伤亡事故。

① 常见形式

a. 机械转动部分的绞、碾和拖带。

b. 机械工作部分的钻、削、轧、撞和挤等。

c. 滑入或者误入机械运转部分。

d. 机械部件飞出。

e. 机械失稳、倾覆。

f. 机械安全保护装置缺失。

② 预防措施

a. 编制专项施工方案，安拆前对作业人员进行安全技术交底。

b. 特种作业人员必须持证上岗。

c. 作业人员应佩戴好个人防护用品，杜绝违章指挥、违章作业。

d. 禁止在升降机运行过程中进行机械部件的安装或者拆除

工作。

e. 加强对安全防护装置的监督检查。

3）高处坠落及预防

高处坠落事故主要是指作业人员从施工升降机等高空处发生向下坠落至地面的摔伤事故。

① 常见形式

a. 从升降机上坠落。

b. 从预留通道口、楼面临边、屋面临边坠落。

c. 从安装或拆卸的结构上坠落。

d. 滑跌、踩空、拖带、碰撞等引起的坠落。

② 预防措施

a. 加强对作业人员的安全培训及管理，做好"三级"安全教育，提高安全意识和自我保护能力。

b. 做好安全技术交底，并应记录。临边及洞口应做好安全防护设施，重点部位设置醒目的警示标志。

c. 应根据要求将各类安全警示标志悬挂于施工现场各相应部位，夜间应设红灯警示。

d. 高处作业前，应检查高处作业的安全标志、工具、仪表、电气设施和设备，确认其完好后，方可进行施工。

e. 作业人员应根据作业的实际情况配备相应的高处作业安全防护用品，并应按规定正确佩戴和使用相应的安全防护用品、用具。

f. 对拆装现场可能坠落的物料，应及时拆除或采取固定措施。高处作业所用的物料应堆放平稳，不得妨碍通行和装卸。

g. 工具应随手放入工具袋；作业中的走道、通道板和登高用具，应随时清理干净，拆卸下的物料及余料应及时清理运走，不得随意放置或向下丢弃。传递物料时不得抛掷。

h. 作业人员不得将身体重心悬出吊笼顶部栏杆之外进行安拆等作业。

i. 作业人员不得随意从梯笼上攀爬到附墙架再攀爬到建筑物内。

j. 禁止在酒后进行高空作业，严格遵守安全操作规程。

k. 禁止在高空嬉戏打闹或进行与安拆作业无关的工作和休息。

4）触电事故及预防

触电伤害分电击和电伤两种。电击是指直接接触带电部分，使人体通过一定的电流，是有致命危险的触电伤害。电击是指皮肤局部的创伤，如灼伤、烙印等。触电事故是指作业人员由于触电遭受电击或电伤所发生的人身伤亡事故。

① 常见形式

a. 带电电线、电缆破口、断头。

b. 电气设备漏电。

c. 升降机部件触碰高压电线。

d. 配电箱、开关箱漏电或误触碰。

e. 雷击。

② 预防措施

a. 编制临时用电组织设计或安全用电和电气防火措施，并进行安全技术交底。

b. 作业人员应遵守安全用电操作规程，穿戴和配备相应的安全防护用品。

c. 特种作业人员必须持证上岗。

d. 升降机用电必须达到"一机、一箱、一闸、一漏保"的要求。

e. 配电箱、开关箱内的电器必须可靠、完好，严禁使用破损、不合格的电器和电线、电缆。

f. 升降机周边有架空输电线时，安装前必须检查升降机与架空输电线路边线的最小安全距离是否满足规范要求。

g. 升降机梯笼内、外均应安装紧急停止开关。

第三节 加 高 作 业

施工升降机在架设安装后，随着工程进度要求，需要多次增加标准节加高，以满足施工作业需要。

1. 导轨架加高的方法步骤

（1）把加高导轨架所需的标准节、附墙架和电缆引导器等部件运送到顶部楼面。

（2）用吊杆（或吊车）吊三节标准节放至吊笼顶部。

（3）将笼顶操纵盒上的"加节/运行"开关拧到"加节"位置，装上吊笼顶上的安全围栏和吊杆。

（4）把吊笼尽可能开到靠近导轨架的顶部，拆下导轨架顶部的限位撞块，以及导轨架顶部的盖子。

（5）慢慢驱动吊笼上升，使所牵挂的对重降到地面的缓冲装置上，同时使钢丝绳松弛，用卸荷绳索平衡悬挂对重钢丝绳的重量。

（6）拆除绳索护架，把对重钢丝绳从均衡装置上取下，并把其悬挂在导轨架上或连在建筑的顶部楼面上。

（7）松下天轮架与导轨架顶部的连接螺栓，用安装吊杆卸去天轮架。

（8）吊起一节标准节，在接头外表面，齿条联接销上涂抹2号锂基润滑脂。

（9）把标准节安放到导轨架顶部，上好螺栓，松开吊钩，吊笼下行至适当位置，用350N·m的力矩拧紧标准节联接螺栓。重复上述工作，直到达到所需高度。

（10）安装标准节的同时，应相应地安装电缆导向器、附墙架及电缆滑车导轨等。

（11）当导轨架加高到所需高度后，把天轮架重新安装到导轨架顶部。

（12）把吊笼下移，系结对重钢丝绳。放出所需绳索，其长度应与导轨架所加高度一致，然后把多余的钢丝绳拉到吊笼顶部，把对重钢丝绳与吊笼系紧，拆除卸荷绳索，随后慢慢将吊笼回升到导轨架顶部。

（13）把对重钢丝绳套在天轮上，并与吊笼上的均衡装置系结，使用卸荷绳索以平衡钢丝绳的重量，当系结完毕时在天轮架上安装绳索护架，卸去卸荷绳索。

（14）安装完毕，重新装好限位撞块，用经纬仪检查导轨架对底坐平面的垂直度。

2. 加高过程中和结束后的注意事项

（1）标准节应贮存在靠近安装现场的干燥处。

（2）加高导轨架时，附墙架、电缆导向架、过道竖杆、对重钢丝绳（如果有）、电缆等都要相应加高。

（3）施工升降机运行时，安装作业人员应注意头部、手臂等不得伸出吊笼顶部围栏外，以免发生挤伤事故。

（4）加高时，安装作业人员应在吊笼顶部操作，笼顶操纵盒上的"加节/运行"开关应拧到"加节"位置，吊笼顶部只能同时装载相当于二节标准节和三个成年人的重量。

（5）吊笼开动时，标准节不得悬吊在空中。

第九章 施工升降机安装
质量检验和安全防护

第一节 安装质量检验的内容

依照国家相关法规，升降机在安装调试完毕后，必须通过有资质的检测机构进行安装质量检验检测，合格后方可投入使用。

目前升降机安装质量检验依据有：《建筑施工升降设备设施检验标准》JGJ 305—2013（以下简称"部标"和《建筑工程施工机械安装质量检验规程》DGJ 32/J 65—2015（以下简称"省规"）。江苏省内检验时可根据需要选择其中一个，江苏省外则只能采用"部标"进行检验。

在"部标"中，升降机检验包括：龙门架和井架物料提升机、施工升降机；"省规"中包括：人货两用施工升降机、货用施工升降机（物料提升机）。

鉴于"部标"和"省规"检验内容及要求基本相同，本章以"省规"检验检测内容进行讲解。需要注意的是，对于检测机构来说，"部标"和"省规"对检验检测结果的判定是不同的，区别在于：

（1）判定结论

1）"部标"检验结论分为"合格"、"不合格"。

2）"省规"检验结论分为"合格"、"不合格"、"复检合格"、"复检不合格"。

（2）判定方法

1）"部标"判定方法：

① 当保证项目和一般项目检验全部合格时，判定为合格。

② 当保证项目检验全部合格，一般项目检验中不合格项目数不超过 3 项时，判定为合格（注意：一般项目存在不合格项，应整改至合格方可使用，并将整改资料报检验方）。

③ 当保证项目检验有不合格或一般项目检验中不合格项超过 3 项时，判定为不合格。

2）"省规"判定方法：

① 当保证项目和一般项目检验全部合格时，判定为合格。

② 当保证项目检验全部合格，一般项目检验中不合格项目数不超过 3 项时，受检方应完成整改，并在检验方规定期限内向检验方提供整改资料，经检验方确认合格后，判定为合格。

③ 未在检验方规定期限内向检验方提供整改资料的，判定为不合格。

④当保证项目检验有不合格或一般项目不合格项目数超过 3 项时，应复检。

⑤经复检，保证项目全部合格，一般项目检验中不合格项目数不超过 3 项时，判定为复检合格。

经复检，保证项目有不合格或一般项目检验中不合格项目数超过 3 项时，判定为复检不合格。

1．施工升降机安装质量检验的程序

（1）技术资料审核程序

安装单位资质证书→安装单位安全生产许可证→参与安装作业人员操作上岗证→安装告知手续→施工升降机生产厂家特种设备制造（生产）许可证→出厂合格证→产权备案证明→防坠安全器说明书与标定报告→使用说明书→安装合同（任务书）及安全协议→安装方案（含附着方案）→基础验收记录及隐蔽工程资料→施工升降机安装前检查表→施工升降机安装自检记录。

（2）现场检验程序

1）人货两用施工升降机现场检验程序：

资料审核（一般在现场检验实施前已完成）→基本要求（包括安全距离、噪声、年限超期评估这三方面检查）→基础→架体结构→吊笼→防护围栏→层门、楼层平台→传动系统（提升机构）→对重、缓冲装置→安全装置→电气系统→填写原始记录→给出检验判定结论。

2）货用施工升降机（物料提升机）现场检验程序：

资料审核（一般在现场检验实施前已完成）→基础→架体及吊笼结构→传动系统（提升机构）→钢丝绳→导向、缓冲装置→停层平台→安全装置→附墙装置→缆风绳→操作室→电气系统→填写原始记录→给出检验判定结论。

2. 现场检验的内容及技术要求

检验前，检验组长应结合检验现场情况，首先向检验人员和辅检人员交待自身安全注意事项。主检人应和使用单位负责人明确，除检验人员和辅检人员外，其他人员不经允许不得进入现场。整个检验工作由主检人统一指挥。检验过程中，既有分工、又有配合、交叉进行。

施工升降机安装质量检查分为常规检查、运行检查和载荷试验三部分。依据为《建筑工程施工机械安装质量检验规程》DGJ 32/J 65—2015。

检验现场必须具备的条件：

1）检验时，应无雨雪、大雾，且风速不大于 8.3m/s（五级）。

2）环境温度应在－15～＋40℃之间。

3）电网输入电压正常，电压波动偏差在±5％范围内。

4）受检设备应装备设计所规定的全部安全装置及附件。

5）检验现场清洁，不应有影响检验正常进行的物品、设备和人员，并设置安全警戒区域和表明现场正在进行检验的警示牌。

（1）人货两用施工升降机现场检验项目

1）基础：

基础检验内容包括 2 项，加＊项为保证项目。

＊a. 基础应满足使用说明书要求；若有变更，必须制定专

项施工方案。

检验方法：查阅使用说明书对照现场情况。

b. 基础及周围应有排水设施，不得积水。

检验方法：目测检查基础排水情况。

2）架体结构：

架体结构检验内容包括 9 项。加 * 项为保证项目。

* a. 安装垂直度偏差应符合表 9-1 的规定。

安装垂直度偏差

表 9-1

架设高度 h（m）	垂直度偏差（mm）
≤70	≤h/1000
70＜h≤100	≤70
100＜h≤150	≤90
150＜h≤200	≤110
＞200	≤130
钢丝绳式	≤1.5h/1000

检验方法：将吊笼降到地面，在与建筑物垂直的升降机正面地面适当的位置调整好经纬仪，用经纬仪目镜找到最上部标准节的一边顶点作为 0 点，向下转动目镜，在同一边下部标准节用钢卷尺或钢板尺作为标尺，从目镜中读出此测量值作为垂直方向的偏差值并记录，在与建筑物平行的升降机侧面地面适当的位置调整好经纬仪，用上述方法测出平行方向的偏差值并记录。

垂直度计算：垂直度偏差‰＝偏差值 mm/架体高 mm。

* b. 主要结构件应无明显塑性变形、裂纹和严重锈蚀，焊缝应无明显可见的焊接缺陷。检验方法：目测检查架体标准节。

* c. 结构件各连接螺栓应齐全、紧固，应有防松措施，螺栓应高出螺母顶平面，销轴连接应有可靠轴向止动装置。

* d. 当导轨架的高度超过使用说明书规定的最大独立高度时，应设有附着装置。

* e. 附墙装置的结构形式以及附墙装置与导轨架、附墙装

置与主体建筑结构之间的安装连接方式应符合说明书的要求。

　　＊f. 附墙装置附着点处的建筑结构承载力应能满足使用说明书的要求。

　　＊g. 附墙装置的安装高度、垂直距离、附着点沿建筑物边缘方向的水平间距、附墙装置与水平面之间的夹角、导轨架与主体建筑结构间的距离等，均应符合使用说明书的要求。

　　＊h. 当附墙装置的结构形式、安装连接方式、各安装尺寸或参数存在不符合使用说明书相关要求的情况时，应制定专项施工方案。

　　＊i. 附墙装置以上的导轨架自由端高度不得超过使用说明书的要求。

　　3）吊笼：

　　吊笼检验内容包括8项，加＊项为保证项目。

　　a. 吊笼门框净高不应小于2m，净宽不应小于0.6m，吊笼箱体应完好，无破损。

　　检验方法：目测并用卷尺测量并记录其最小值。

　　＊b. 吊笼门应装机械锁钩，运行时不应自动打开，应设有电器安全开关；当门未完全关闭时，该开关应能有效切断控制回路电源，使吊笼停止或无法启动。

　　检验方法：目测并进行运行试验。

　　c. 当吊笼顶板作为安装、拆卸、维修的平台或设有天窗时，顶板应抗滑，且周围应设护栏。该护栏的上扶手高度不应小于1.1m，中间高度应设横杆，挡脚板高度不应小于100mm，护栏与顶板边缘的距离不应大于100mm，且应符合使用说明书的要求。

　　检验方法：目测并用卷尺测量。

　　d. 吊笼顶部应有紧急出口，并应配有专用扶梯，出口门应装向外开启的活板门，且应设有电气安全联锁开关，开关应灵敏、有效。

　　e. 吊笼内应有产品标牌、安全操作规程，操作开关及其他危险处应有醒目的安全警示标志。

f. 导轮连接及润滑应良好，无明显倾斜偏摆。

＊g. 背轮安装应牢靠，并应贴紧齿条背面，润滑应良好，无明显侧倾偏摆。

＊h. 安全挡块应可靠、有效。

第 d~h 项检验方法：目测检查。

4）防护围栏：

防护围栏检验内容包括 2 项，加＊项为保证项目。

a. 应设置高度不低于 1.8m 地面防护围栏，不得缺损，且应符合使用说明书的要求。

检验方法：目测并用卷尺测量。

＊b. 围栏门开启高度不应小于 1.8m，并应符合使用说明书的要求。围栏门应装有机械锁紧和电气安全开关；当吊笼位于底部规定位置时，围栏门方能开启，且应在该门开启后吊笼不能启动。

检验方法：卷尺测量进行运行试验。

5）层门、楼层平台：

层门、楼层平台检验内容包括 7 项，加＊项为保证项目。

a. 各停层处应设置层门，层门不应突出到吊笼的升降通道上。

检验方法：目测检查。

b. 层门开启后的净高度不应小于 2.0m；特殊情况下，当进入建筑物的入口高度小于 2.0m 时，可降低层门框架高度，但净高度不应小于 1.8m。

检验方法：抽查不少于 2 处层门框用卷尺测量并记录其最小值。

c. 层门的开关过程可由吊笼内乘员操作，楼层内人员无法开启。

检验方法：目测抽查不少于 2 处层门。

＊d. 楼层平台搭设应牢固可靠，不应与施工升降机钢结构

相连接。

检验方法：目测抽查不少于 2 处楼层平台。

e. 楼层平台侧面防护装置与吊笼或层门之间任何开口的间距不应大于 150mm。

检验方法：目测抽查不少于 2 处用卷尺测量并记录其最大值。

f. 吊笼门框外缘与登机平台边缘之间的水平距离不应大于 50mm。

检验方法：目测抽查不少于 2 处用卷尺测量并记录其最大值。

g. 各楼层应设置楼层层号牌，且便于司机观察。

检验方法：目测检查。

6）传动系统（提升机构）：

传动系统（提升机构）检验内容包括 11 项，加 * 项为保证项目。

a. 传动系统与吊笼应可靠连接，传动系统旋转的零部件应有防护罩等安全防护设施。

检验方法：目测检查。

* b. 对齿轮齿条式施工升降机，其传动齿轮、防坠安全器的齿轮与齿条啮合时，接触长度沿齿高不得小于 40%，沿齿长不得小于 50%。

检验方法：目测检查，必要时用着色法测量。用着色法检查时，将齿轮副的一个齿轮侧面涂上一层红铅粉，并在轻微制动下，按工作方向转动齿轮 2～3 圈，在另一齿轮侧面上留下的痕迹斑点。分别测量齿高、齿长着色长度，计算接触比。

* c. 对齿轮齿条式施工升降机，除安装工况外，导轨架顶部的一节齿条应拆除。

检验方法：目测检查。

* d. 钢丝绳的规格、型号应符合使用说明书的要求，并应正确穿绕。钢丝绳应润滑良好，与金属结构无摩擦。

＊e. 钢丝绳端固定应牢固、可靠，并应符合使用说明书的要求。

检验方法：目测检查吊笼门、围栏门、对重及加节用钢丝绳与说明书核对。

＊f. 钢丝绳应符合现行国家标准《起重机　钢丝绳　保养、维护、检验和报废》GB/T 5972—2016 的规定。

检验方法：目测检查吊笼门、围栏门、对重及加节用钢丝绳使用情况，未达报废标准则判定为合格。

＊g. 滑轮应有防钢丝绳脱出装置，该装置与滑轮外缘的间隙不应大于钢丝绳直径的 20％，且应可靠有效。

检验方法：目测检查吊笼门、围栏门、对重、加节用滑轮及曳引轮处钢丝绳防脱装置，当不能确定或有疑问时用钢直尺测量其间隙值。

＊h. 滑轮、曳引轮转动应良好，无裂纹、破损；滑轮轮槽壁厚磨损不应超过原壁厚的 20％，轮槽底部直径减少量不应超过钢丝绳直径的 25％，槽底应无沟槽。

检验方法：目测检查吊笼门、围栏门、对重、加节用滑轮及曳引轮，当存在明显的磨损不能确定报废或有疑问时，滑轮槽底用外卡钳测量其磨损量；滑轮绳槽壁用卡尺测量其磨损量并记录。

滑轮绳槽磨损量＝（滑轮绳槽原壁厚－滑轮绳槽现壁厚）/滑轮绳槽原壁厚。

＊i. 制动器应符合使用说明书的要求。

检验方法：查阅使用说明书比对实物。

＊j. 传动系统应采用常闭式制动器，制动器动作应灵敏，工作应可靠。

k. 出轮齿条式多驱动系统的每个制动器应可手动释放，且应由恒力作用来维持释放状态。

第 j～k 项检验方法：目测检查并现场试验。

7）对重、缓冲装置：

对重、缓冲装置检验内容包括 4 项，加 * 项为保证项目。

a. 对重应根据有关规定的要求涂成警告色。

b. 对重导向装置应正确可靠，对重轨道应平直，接缝应平整，错位阶差不应大于 0.5mm。

检验方法：目测检查对重导向装置及轨道，至少抽查 1 处接缝测量错位阶差。

*c. 对重用钢丝绳检验应符合上述 6）中 d～f 项内容及要求。

d. 吊笼和对重运行通道的最下方应安装缓冲器。

8）安全装置：

安全装置检验内容包括 14 项，加 * 项为保证项目。

a. 应设置渐进式防坠安全器，且在有效标定期内；防坠安全器动作时，设在安全器上的安全开关应将电动机和制动器电路断开。

检验方法：目测检查。通过坠落试验检查防坠安全器有效性，坠落试验方法在本章第四节介绍。

*b. 严禁使用超过有效标定期限的防坠安全器。

*c. 有对重的施工升降机，当对重质量大于吊笼质量时，应有双向防坠安全器或对重防坠安全装置。

*d. 齿轮齿条式施工升降机吊笼上沿导轨设置的安全钩不应少于 2 对，安全钩应能防止吊笼脱离导轨架或防坠安全器输出端齿轮脱离齿条，且上部的安全钩位置应在防坠小齿轮之下。

检验方法：目测检查安全钩安装位置。

*e. 施工升降机应设置自动复位的上下限位开关。

检验方法：手动试验。

*f. 施工升降机应设置极限开关。当限位开关失效时，极限开关应切断总电源，使吊笼停止。当极限开关为非自动复位型时，其动作后，手动复位方能使吊笼重新启动。

检验方法：目测检查并进行运行试验。

g. 上限位开关的安装位置：当额定提升速度小于 0.8m/s

时，触板触发该开关后，上部安全距离不应小于 1.8m，当额定提升速度大于或等于 0.8m/s 时，触板触发该开关后，上部安全距离应满足下式的要求：$L=1.8+0.1v^2$

h. 下限位开关的安装位置：吊笼在额定荷载下降时，触板触发下限开关使吊笼制停，此时触板离触发下极限开关还应有一定的行程。

第 g～h 项的检验方法：查阅使用说明书确定额定提升速度并记录，将升降机升至上限位开关处触发后，测量上部安全距离并记录。目测检查下限位开关位置，符合要求则判定为合格。

i. 上限位与上极限开关之间的越程距离：齿轮齿条式施工升降机不应小于 0.15m，钢丝绳式施工升降机不应小于 0.5m。

j. 下极限开关在正常工作状态下，吊笼碰到缓冲器之前，触板应首先触发下极限开关。

第 i～j 项的检验方法：将升降机升至上部，现场测量两开关触板间的上下错开距离及两开关触点间的上下错开距离，两者相加即越程距离并记录；将升降机降至底部观察下极限开关工作情况。

* k. 极限开关不应与限位开关共用一个触发元件。

* l. 提升钢丝绳或对重钢丝绳应装有防松绳装置。

m. 应设置超载保护装置，且应灵敏有效。

第 k～m 项的检验方法：目测检查。

n. 地面进料口防护棚应符合现行行业标准《建筑施工高处作业安全技术规范》JGJ 80 的规定。

《建筑施工高处作业安全技术规范》JGJ 80—2016 第 7.2.1 安全防护棚搭设应符合下列规定：

（a）当安全防护棚为非机动车辆通行时，棚底至地面高度不应小于 3m；当安全防护棚为机动车辆通行时，棚底至地面高度不应小于 4m。

（b）当建筑物高度大于 24m 并采用木质板搭设时，应搭设双层安全防护棚。两层防护的间距不应小于 700mm，安全防护棚的高度不应小于 4m。

（c）当安全防护棚的顶棚采用竹笆或木质板搭设时，应采用双层搭设，间距不应小于 700mm；当采用木质板或与其等强度的其他材料搭设时，可采用单层搭设，木板厚度不应小于 50mm。防护棚的长度应根据建筑物高度与可能坠落半径确定。

9）电气系统：

电气系统检验内容包括 9 项，加 * 项为保证项目。

a. 供电系统应符合现行行业标准《施工现场临时用电安全技术规范》JGJ 46 的规定。

b. 当吊笼顶用作安装、拆卸、维修的平台时，应设有检修或拆装时的顶部控制装置，控制装置应安装非自行复位的急停开关，任何时候均可切断电路停止吊笼运行。

检验方法：目测检查并试验。

c. 操作控制台的操作位置上应标明控制元件的用途和动作方向，并有良好的照明设施。

d. 当施工升降机安装高度大于 120m，并超过建筑物高度时，应安装红色障碍灯，障碍灯电源不得因施工升降机停机而停电。

* e. 施工升降机的控制、照明、信号回路的对地绝缘电阻应大于 $0.5M\Omega$，动力电路的对地绝缘电阻应大于 $1M\Omega$。

检验方法：用绝缘电阻表现场分别测量控制、照明、信号回路、动力电路的对地绝缘电阻并记录。

f. 设备控制柜应设有相序和断相保护器及过载保护器。

检验方法：打开设备控制柜目测检查并试验。

* g. 操作控制台应安装非自行复位的急停开关。

检验方法：目测检查并试验。

h. 施工升降机工作中应有防止电缆和电线机械损伤的防护措施。

i. 电气设备应有防止外界干扰的防护措施。

10）整机性能试验：

施工升降机整机性能试验包括空载试验、额定载荷试验、吊笼坠落试验。

A. 空载试验

a. 在空载情况下以工作速度进行上升、下降、变速、制动等动作，在全行程范围内，反复试验，不得少于 3 次；每一工作循环的升、降过程中应进行不少于两次的制动，其中在半行程应至少进行一次吊笼上升和下降的制动试验，观察有无制动瞬时滑移现象。

b. 在进行试验的同时，应对各安全装置进行灵敏度试验。

b1. 双吊笼提升机，应对各单吊笼升降和双吊笼同时升降，分别进行试验；

b2. 空载试验过程中，应检查各机构动作是否平稳、准确，不得有震颤、冲击等现象。

B. 额定载荷试验

a. 双笼施工并升降机应按左、右吊笼分别进行额定载荷试验。

b. 吊笼内施加额定荷载，使其重心位置按吊笼宽度方向均向远离导轨架方向偏 1/6 宽度，长度方向均向附墙架方向偏 1/6 长度的内偏（以下简称内偏）以及反向偏移 1/6 长度的外偏（以下简称外偏），按所选电动机的工作制，内偏和外偏各做全行程连续运行 30min 的试验，每一工作循环的升、降过程应进行不少于一次制动。

c. 额定载荷试验后，应测量减速器和液压系统油的温升。

C. 吊笼坠落试验

a. 坠落试验时，应在额定载重量和额定安装载重量中选择最不利的工况作为试验条件。

b. 坠落试验前，不应解体或更换防坠安全器。

c. 对 SC 型施工升降机进行坠落试验时，通过操作按钮盒驱动吊笼以额定提升速度上升约 3～10m。按坠落试验按钮，电磁制动器松闸，吊笼将呈自由状态下落，直到达到试验速度时防坠安全器动作，测量制动距离。试验结束后应将防坠安全器复位，对于防坠安全器不能制停吊笼的施工升降机，应立即停机检修。

d. 在 SC 型施工升降机坠落试验中，当防坠器动作时，其电气联锁安全开关也应动作。

e. 对 SS 型施工升降机进行坠落试验时，将吊笼上升约 3m 后停住，做模拟断绳试验（应是突然断绳，不能以松绳代替断绳），试验防坠安全器装置的可靠性。

f. 坠落试验后应检查：

（a）结构及连接有无损坏及永久变形；

（b）吊笼底板在各个方向的水平度偏差改变值。

货用施工升降机（物料提升机）现场检验项目

1）基础：

基础检验内容包括 2 项，加 ＊ 项为保证项目。

a. 基础尺寸、外形、混凝土强度等级及基地承载力等应符合使用说明书要求。

b. 基础及周围应有排水设施，不得积水。

2）架体及吊笼结构：

检验内容包括 10 项，加 ＊ 项为保证项目。

＊a. 架体主要结构件应无明显变形、严重锈蚀及破损，焊缝应无明显可见裂纹。

＊b. 结构件安装应符合说明书要求；各连接件应齐全，螺栓应紧固，有防松措施，螺栓应高出螺母顶平面；销轴连接应有可靠轴向止动装置。

＊c. 架体垂直度偏差不应大于架体高度的 1.5‰。

检测方法同人货两用施工升降机垂直度检验。

＊d. 井架式货用升降机（物料提升机）的架体在各楼层通道的开口处应有加强措施。

＊e. 架体底部应设高度不小于 1.8m 防护围栏以及围栏门，且应完好无损。采用手动试验验证。

f. 吊笼内净高度不应小于 2m。用卷尺或激光测距仪测量。

＊g. 吊笼应设置进出料门，吊笼两侧立面及吊笼门应采用网板结构全高度封闭，吊笼门开启高度不应低于 1.8m。用卷尺或激光测距仪测量，手动试验。

h. 吊笼应有可靠防护顶板。

＊i. 吊笼底板应牢固可靠，且应有防滑、排水功能。

j. 产品标牌应固定牢固，易于观察，并应在显著位置设置安全警示标识。

3）传动系统（提升机构）：

检验内容包括 11 项，加＊项为保证项目。

＊a. 固定卷扬机应有专用锚固设施，且应牢固可靠。

b. 卷扬钢丝绳不得拖地和被水浸泡，穿越道路时应采取防护措施。

＊c. 卷扬机应设置防止钢丝绳脱出卷筒的保护装置，该装置与卷筒侧板最外缘间隙不应超过钢丝绳直径的 20％，并应有足够强度。采用钢板尺测量。

d. 钢丝绳在卷筒上应排列整齐，端部应与卷筒压紧装置连接牢固。当吊笼处于最低位置时，卷筒上的钢丝绳不得小于 3 圈。

＊e. 卷筒两端的凸缘至最外层钢丝绳距离不应小于钢丝绳直径的 2 倍。采用钢板尺测量。

＊f. 滑轮应设置防钢丝绳脱出装置，该装置与滑轮间隙不得超过钢丝绳径的 20％。采用钢板尺测量。

g. 导向滑轮和卷筒中间位置的连线应与卷筒轴线垂直，其距离不应小于卷筒长度的 20 倍。用激光测距仪或者卷尺测量。

h. 滑轮组与架体（或吊笼）应采用刚性连接，严禁使用开口板式滑轮。

＊i. 当曳引钢丝绳为 2 根及以上时，应设置张力自动平衡装置。

＊j. 齿轮齿条应啮合良好，接触长度沿齿高不得小于 40％，

沿齿宽不得小于 50％。

＊k. 制动器应动作灵敏、工作可靠，并应有安全防护罩。

4）钢丝绳：

检验内容包括 3 项，加 ＊ 项为保证项目。

＊a. 钢丝绳绳端固结应牢固、可靠。当采用金属压制接头固定时，接头不应有裂纹；当采用楔块固结时，楔套不应有裂纹，楔块不应松动；当采用绳夹固结时，绳夹安装应正确，绳夹数应满足现行国家标准《起重机构安全规程　第 1 部分：总则》GB 6067.1 的要求

＊b. 钢丝绳的规格、型号应符合设计要求，与滑轮和卷筒相匹配，并应正确穿绕。钢丝绳应润滑良好，不得与金属结构摩擦。

＊c. 钢丝绳达到现行国家标准《起重机　钢丝绳　保养、维护、检验和报废》GB/T 5972—2016 的规定报废条件时，应予报废。采用宽钳口游标卡尺测量钢丝绳直径，计算钢丝绳磨损量，检查是否达到报废条件。

5）导向和缓冲装置：

检验内容包括 4 项，加 ＊ 项为保证项目。

＊a. 吊笼滚动导靴应可靠、有效。

b. 吊笼滚轮与导轨之间的安装最大间隙不应大于 10mm。用钢板尺或者游标卡尺测量。

c. 吊笼导轨结合面错位节差不应大于 1.5mm，对重导轨、防坠器导轨结合面错位阶差不应大于 0.5mm。用钢板尺或游标卡尺测量。

d. 吊笼和对重底部应设置缓冲器。

6）停层平台：

检验内容包括 3 项，加 ＊ 项为保证项目。

＊a. 各停层平台搭设应牢固、安全可靠，两边应设置不小于 1.5m 高的防护栏杆；平台不得搁置在设备的任何部位上。采用钢卷尺测量。

＊b. 各停层平台应设置常闭平台门，其高度不应小于1.8m，且应向建筑物内开启。采用钢卷尺测量。

c. 平台边缘和吊笼结构之间的间隙不应大于60mm。采用钢卷尺测量。

7）安全装置：

检验内容包括10项。加＊项为保证项目。检验方法采用目测检查、试验验证。

＊a. 采用钢丝绳方式提升的吊笼，应设置安全停靠装置，装置应为刚性机构，且必须能承担吊笼、物料及登笼作业人员等的全部荷载。

＊b. 应设置起重量限制器；当荷载达到额定起重量的90％时，应发出警示信号。当荷载达到额定起重量并小于额定起重量的110％时，起重量限制器应能停止起升动作。称重进行载荷试验验证。

＊c. 吊笼应设置防坠安全器；当提升钢丝绳断绳或传动装置失效时，防坠安全器应能制停带有额定起重量的吊笼，且不应造成结构损坏。

d. 自升平台及导轨架安装高度超过30m的吊笼应设置有渐进式防坠安全器。

＊e. 应设置上限位开关；当吊笼上升至限定位置时，应触发限位开关，吊笼自动停止运动，钢丝绳驱动的上部越程距离不应小3m，齿轮齿条驱动的上部越程距离不应小于1.8m。空载试验验证。

＊f. 应设置下限位开关；当吊笼下降至限定位置时，应能触发限位开关，吊笼自动停止运动。空载试验验证。

g. 应装有电气连锁开关，吊笼应在围栏门关闭后方可启动。

＊h. 当司机对吊笼升降运行、吊笼内部、停层平台观察视线不清时，应设置通信装置，通信装置应同时具有语音和影像显示功能。

i. 应在围栏门上的显著位置设置严禁载人、限载等安全警示标识。

j. 在设备的地面上料口上方应设置进料口防护棚，其长度不应小于 3m，宽度不应小于设备迎面总宽度；防护棚顶部强度应符合《龙门架及井架物料提升机安全技术规范》JGJ 88—2010的规定。采用激光测距仪测量。

8）附着装置：

检验内容包括 3 项。加 * 项为保证项目。检验方法采用目测检查。

* a. 附着装置的设置应符合使用说明书的要求。

* b. 附着架与架体及建筑结构应采用刚性件连接，不得与脚手架连接。

c. 最上一道附着架以上架体的自由端高度不得大于说明书的规定。

9）缆风绳：

检验内容包括 4 项。其中第 4 项为保证项目。检验方法采用目测检查、测量验算。

a. 当设置缆风绳时，其地锚设置应符合《龙门架及井架物料提升机安全技术规范》JGJ 88—2016 的规定。

b. 缆风绳应设有预紧装置，张紧度应适宜。

c. 缆风绳与地面夹角宜为 45°～60°，其下端应与地锚连接牢靠。采用目测检查，必要时用激光测距仪测量验算。

* d. 当架体高度在 30m 及以上时，不应使用缆风绳。

10）操作室：

检验内容包括 3 项。均为一般项目。检验方法采用目测检查。

a. 搭投应牢靠，能防雨雪，且视线良好。

b. 应设有安全操作规程及操作警示标志。

c. 操作台的操作按钮应有指示功能和动作方向的标识，并有良好的照明设施。

11）电气系统：

检验内容包括 7 项。加 * 项为保证项目。检验方法采用检测仪器、目测检查、手动试验验证。

*a. 供电系统应符合《施工现场临时用电安全技术规范》JGJ 46—2005 的规定。

*b. 应设置专用配电箱，有短路、漏电保护，参数匹配正确。

c. 电气设备的绝缘电阻值不应小于 0.5MΩ，电气线路的绝缘电阻值不应小于 1MΩ。

采用绝缘电阻测量仪进行测量。

d. 提升机的金属结构及所有电气设备系统的金属外壳接地应良好，其重复接地电阻不应大于 10Ω。采用接地电阻测试仪测量。

*e. 应设置非自动复位型紧急断电开关，且开关应设在便于司机操作的位置。采用手动试验验证。

*f. 卷扬机的控制开关不得使用倒顺开关。采用手动试验验证。

g. 照明开关与提升机构主电源开关应相互独立，当提升机构主电源切断时，照明不应断电。采用手动试验验证。

第二节　安装质量检验过程安全防护

为保护检验人员在检验检测过程中自身安全及检验结果的准确、真实、可靠，应制定检验过程安全管理规定且要求参与检验人员严格遵守。

1. 基本安全知识

安全是指没有危险、不出事故的状态。对起重机械安装单位来说，安全是指将在起重机械安装拆卸过程中产生的对作业人员生命、财产、环境可能造成的损害控制在能接受的状态。

安全防护是指做好准备和保护，以应付攻击或者避免受害，从而使被保护对象处于没有危险、不受侵害、不出现事故的安全状态。显而易见，安全是目的，防护是手段，通过防范的手段达到或实现安全的目的。

施工升降机安装质量检验过程安全防护主要内容：

（1）检验检测现场应将与检验无关的人员及设备物品撤出，设置安全警戒区域，在受检设备上挂出"正在检验"提示标牌。

（2）检验检测组长向参检人员进行安全交底，并进行分工。

（3）检验检测人员必须经过专业培训，具有相应岗位的上岗证书。

（4）所有参检人员进入检测现场必须佩戴安全帽，穿好工作服、防滑鞋，登高作业时戴好手套，系上安全带。

（5）检验检测人员有病或者睡眠不足时不得参与检测工作。严禁酒后进行登高检测工作。

（6）对检验现场环境条件不符合下列要求的应停止检测，待环境条件全部满足要求后方可开始检测：

1）无雨雪、大雾，且风速不应大于 8.3m/s；

2）环境温度宜为 −15～+40℃；

3）现场供电电压波动偏差应为 ±5%。

（7）检验检测前，合上供电电源开关，用试电笔检查受检升降机是否漏电。

（8）如需登机检测时，必须让升降机司机明白检测程序运行中需配合的手势、口令等，未获得升降机司机理解的，不得进行升降机运行中的检验检测。

2. 重物失落

检验人员在进入检验现场和检验过程中需重点注意以下几个方面：

（1）要配备工具包，将自身携带的小型仪器设备、工具等装入工具包内，不要随手携带，以免失手落下伤人。

（2）合理安排检验流程，避免上下同时检验，消除上层作业场所坠落物体伤害下方人员和设备。

（3）因特殊情况不能避免上下同时作业时，必须采取可靠的安全防护措施。

（4）检验现场应设立警戒线和安全标志，安排专人、专职监护，严禁无关人员在作业区下方或者吊起的重物下面停留或行走。

3. 挤伤

检验人员在检验过程中，必须做到以下方面工作：

（1）编制检验检测作业指导书或者专项检验安全计划书，检验检测前由检验组长对检验员进行安全技术交底。

（2）检验员必须持证上岗。

（3）应佩戴好个人防护用品，戴好安全帽，穿好工作服、防护手套和防滑鞋。

（4）禁止在升降机运行过程中进行测量或者身体重心超出受检设备安全区域以外。

4. 高空坠落

检验人员在登高进行检验时，必须做到以下几方面工作：

（1）应佩戴好个人防护用品，戴好安全帽，穿好工作服、防护手套和防滑鞋，高处检验时系好安全带。

（2）不得将身体重心悬出吊笼顶部栏杆之外进行检查或者测量。

（3）不得随意从梯笼上攀爬到附着架再攀爬到建筑物内。

（4）禁止在酒后或者生病进行高空检验工作，严格遵守检验检测安全操作规程。

（5）禁止在高空做与检验无关的活动。

（6）高空往地面传递物体时，必须使用绳拴好放下，严禁抛扔。

（7）在升降机运行时，如果在吊笼顶部随升降机升降，务必站稳站牢，不得随意走动。

5. 触电

检验人员在检验过程中，为防止触电事故，重点应做到以下几点：

（1）熟悉《施工现场临时用电安全技术规范》，掌握电气系统检验基本知识。

（2）检验室应遵守安全用电操作规程，穿戴和配备相应的安全防护用品。

（3）检查升降机用电设施是否齐全，配电箱、开关箱内的电器是否可靠、完好，电线、电缆有无破损、老化，确认没有问题后方可要求施工单位人员送电并开始检验。

（4）升降机周边有架空输电线时，首先检查升降机与架空输电线路边线的最小安全距离是否满足规范要求。

6. 机械伤害

检验人员在检验过程中，为防止机械伤害，重点应做到以下几点：

（1）检验员必须持证上岗，熟悉受检设备的工作原理和使用方法。

（2）应佩戴好个人防护用品，戴好安全帽，穿好工作服、防护手套和防滑鞋。

（3）升降机运行前检查各安全装置是否齐全、有效、可靠，运行中严禁用手触摸。

（4）禁止在升降机运行过程中将头或手伸入升降机架之间查看或测量。

7. 起重设备损坏

起重设备是指用于垂直升降或者垂直升降并水平移动重物的机电设备，其范围规定为额定起重量大于或者等于 0.5t 的升降机；额定起重量大于或者等于 3t（或额定起重力矩大于或者等于 40t·m 的塔式起重机，或生产率大于或者等于 300t/h 的装卸桥），且提升高度大于或者等于 2m 的起重机；层数大于或者等于 2 层的机械式停车设备。

损坏指由于各种原因造成的物件残破使之失去效能。

综上，起重设备损坏即为用于垂直升降或者垂直升降并水平移动重物的机电设备，由于各种原因造成其破损从而失去部分或者全部效能以至于无法正常使用的状态。

起重设备在检验过程中，为防止因检验检测使其受损，必须注意以下几点：

（1）检验人员必须持国家质量监督检验检疫总局颁发的《中华人民共和国特种设备检验检测人员证》，并按照核准项目进行检验。

（2）熟悉受检设备的性能、受力结构、电气原理等，以保证在检验时设备正常启动和运行。

（3）向受检单位提出检验中必须有专业人员（如电工、起重司机、司索信号工）给与配合。

（4）在确保受检设备结构件、各零部件、安全装置、电气系统完好，在可靠前提下，方可进行载荷试验，并严格按照使用说明书的要求进行吊载。

第十章 施工升降机的维护 保养与常见故障

第一节 维 护 与 保 养

建筑施工机械设备的维护保养分为例行保养、初级保养和高级保养三个级别，高级别的保养需同步进行所有低级别的保养。进入施工现场使用的机械设备必须按规定或按期进行维护保养。由设备产权单位建立设备保养档案，并做好各级保养记录的收集档案。

施工升降机的保养有例行保养、初级保养和高级保养，各维护保养的内容应做到：

（1）例行保养作业应在每班班前、班中、班后进行，作业主要内容为检查、调整、紧固、润滑、清洁、防腐等，作业人员应是当班司机，当班司机发现设备存在不符合标准要求的情况时，应停止作业并及时联系专业维修人员维修。

（2）初级保养应在施工现场进行，保养周期为闲置、连续工作一个月或累计工作 300h，作业主要内容为检查、调整、紧固、润滑、清洁、防腐，作业人员以专业维保人员为主，司机协助。

（3）高级保养宜在保养场内进行，保养周期为一个建筑工程周期，作业主要内容为拆检、调整、润滑、清洁、防腐、更换，作业人员应不少于 3 名专业维保人员。承担高级保养的单位应有设备堆放场地、维保车间及必要的维保工具。

（4）多班作业时，应执行交接班制度。当班司机应将设备保养和运转情况向接班司机交底，并办理交接手续。

（5）施工升降机停用一个月以上或封存，应认真做好停用或封存前的保养工作，并应采取预防风沙、雨淋、水泡、锈蚀等措施。

1. 结构件的维护保养

例行保养：检查防护围栏应完好，无损坏；测试围栏门机电联锁装置应可靠、有效，围栏门开启时吊笼不能启动；检查围栏门滑轮螺栓应紧固；检查、清洁围栏门及吊笼门滑轮滑道。检查标准节钢结构，确保无明显变形、扭曲、焊缝裂纹等现象；检查导轨架螺栓、附墙装置与建筑物连接螺栓应牢固可靠；检查销轴连接应齐全，轴向止动可靠。

初级保养：紧固导轨架连接螺栓、齿条与导轨的连接螺栓、背轮螺栓、连接件上的连接螺栓，使其预紧力应达到说明书要求；检查天轮，天轮应有防护罩，转动灵活无异响，连接可靠；紧固附墙装置连接件。

高级保养：清理围栏和围栏门上残留的建筑垃圾，整修变形、破损的围栏和围栏门；围栏门的机电联锁装置应完好；对修复整形好的围栏进行除锈、防腐、油漆作业；应清理底架、缓冲器上的建筑垃圾，并进行除锈、防腐、油漆作业。清理标准节、附墙装置上的建筑垃圾；检查标准节、附墙装置的焊接点，对脱焊、裂纹、变形的结构进行整形、修复，变形、锈蚀严重时应予更换，主要受力构件的修复和更换应由有相应资质的单位完成；对修复的标准节、附墙装置、天轮架、天轮防护罩进行除锈、防腐作业；天轮防护罩、天轮组件，当天轮、轴承、轴磨损严重时应予更换，并注入润滑脂。各连接螺栓、销轴、开口销应完好可靠，并进行除锈、涂油、螺纹清理，更换损坏零件，确保各部件连接有效可靠。

2. 吊笼的维护保养

例行保养：吊笼内的安全操作规程和安全警示标识，应齐全无油污覆盖；测试吊笼门、笼顶天窗机电联锁装置应完好、有效，确保吊笼在门完全关闭后才能启动。清除吊笼内和吊笼下部残留的建筑垃圾、油污和积水；清洁笼底的弹簧缓冲器，确保其正常工作；清除电机外壳，传动机构、防坠安全器等部件上的灰尘及油污；清洁围栏门及吊笼门滑轮和轨道。

初级保养：检查吊笼各受力杆件，应完整无变形，紧固各连接螺栓，及时修复脱焊、裂缝或变形杆件；检查导向轮、背轮及滑轮轴承的完好状况，必要时进行调整或更换；对重导向轮应转动灵活。每次加节和降节作业前，应对吊笼顶部吊杆装置进行检查。

高级保养：卸下吊笼顶部整套吊杆装置，对吊杆进行清理、除锈。检查、清理、润滑滑轮，磨损严重的应更换；修复破损、变形吊笼门，清洁、润滑吊笼门上的滑轮，磨损严重的应予更换，主要受力构件的修复和更换应由有相应资质的单位完成；检查导向轮、背轮及滑轮轴承的完好状况，磨损严重的应予更换；检查吊笼的钢结构框架、壁板，修复变形、脱焊、裂纹、锈蚀的部位，对吊笼进行油漆作业。

3. 传动机构的维护保养

例行保养：传动机构运行应正常无异响，无漏油现象，传动板固定可靠，缓冲橡胶垫无老化现象；制动器制动应性能良好可靠，手动松闸装置完好，转动零部件外露部分有防护罩；作业前应试运行，确认制动器灵敏可靠；导向轮正确连接、充分润滑，运行灵活，无明显倾斜偏摆现象；齿轮齿条应啮合正常，固定牢靠；背轮应正常工作。

初级保养：检查调整滚轮与导轨架立管间隙，该间隙应不大于 0.50mm；检查调整齿轮与齿条间隙，该间隙应为 0.20～0.50mm；检查调整背轮与齿条间隙，该间隙应不大于 0.50mm；更换过度磨损的齿轮、齿条、背轮等部件。

高级保养：检查、清洗各导轮、背轮及轴承、轴及密封件，更换磨损严重和损坏的零件，重新装配，并涂抹润滑油；清洗减速器各零部件，更换磨损严重、变形、损坏的零部件，并按使用说明书要求加注或更换润滑油；拆检制动器，清洗内部各部件，更换过度磨损的零部件；测量传动机构的齿轮、齿条磨损情况，磨损超标的齿轮、齿条应及时更换。

4. 安全装置的维护保养

例行保养：检查防坠安全器，应运行正常且标定期限在有效标定期内；检查安全钩，固定可靠，完好、有效；测试断绳保护装置，完好、可靠；测试上、下限位开关和极限开关及撞块，位置准确，可靠有效。每班作业前应在全行程内运行一次，确保安全装置运行正常。

初级保养：检查限速器，限速器应完好有效，紧固固定螺栓；检查防坠安全器线路，应连接完好，手控试验开关应灵敏可靠。

高级保养：卸下安全防坠器，检查防坠器的使用有效期和检测有效日期。安全防坠器的使用年限为 5 年，检测有效期为 1 年，超过使用有效期应予更换，超过检测有效期的应送有相应资质的检验机构检测；拆下断绳保护开关、上下限位开关、极限开关，进行清洁、除锈、润滑、修复作业。

制动器零件有下列情况之一的应予更换：

（1）可见裂纹；

（2）制动块摩擦衬垫磨损量达原材料厚度的 50%；

（3）制动轮表面磨损量达 1.5～2mm；

（4）弹簧出现塑性变形；

（5）电磁铁杠杆系统空行程超过其额定行程的 10%。

5. 电气系统的维护保养

例行保养：试运行，系统运转正常无异响；观察电控系统中的仪表、操纵杆、电铃按钮、急停开关按钮、照明灯按钮等灵敏有效；测试各部位行程开关应完好、灵敏可靠；检查电缆无破损现象，电缆托架及保护架应连接牢固，电缆运行通畅。检查连接线端子、熔断器接头应连接良好、牢固可靠；清理配电箱灰尘和异物。

初级保养：测试接地电阻，接地电阻值应不大于 4Ω；清除控制箱、接触器上的灰尘和铜屑，修磨或更换烧蚀磨损的触头，使其接触均匀，间隙适当；清除操作台内部积尘，接线端子和各部触头应无氧化、烧蚀及弧坑现象。

高级保养：清理开关箱、运行控制配电箱、变频控制箱、操作箱以及各限位器上的灰尘，检查各接线端子的连接，当有松动或脱落时应紧固配齐。箱内电线排列应整齐，对全部电气元件、各限位器、操作箱上的操纵杆、按钮、仪表进行全面检查与调整，当有烧蚀、磨损、老化、失灵的元器件应更换；检查、整理电缆线，当有破损的应予更换。清理、油漆电缆筒，应将清理好的电缆线按顺时针整齐的圈放入电缆筒中。

6. 钢丝绳的维护保养

例行保养：检查钢丝绳在绳筒上的排列状态是否整齐，钢丝绳运行周围是否无障碍物，钢丝绳上不得有砂粒及杂物，且不与金属结构摩擦；检查钢丝绳两端紧固状态，绳卡符合使用规定；钢丝绳润滑良好，必要时补充涂抹润滑脂；检查钢丝绳断丝、磨损、扭曲变形是否符合《起重机钢丝绳保养、维护、检验和报废》GB/T 5972—2016 要求，必要时采用工具测量，超出标准要求时应予以更换。

初级保养：同上。

高级保养：钢丝绳应在检查、清理、润滑后盘好存放。

7. 施工升降机的润滑作业

各部润滑油应经常检查、加注和按季节更换（更换时应清洗油箱各部）外，要按表 10-1 规定的润滑部位及作业方法，具体要求参照使用说明书进行。

施工升降机润滑部位及作业方法　　　　　表 10-1

序号	润滑部位	润滑油（脂）	润滑周期（h）	润滑方式
1	减速箱	N320 涡轮润滑油	每月	检查油位，不足时加注
2	齿条	2 号钙基润滑脂		上润滑脂时升降机下降并停止使用 2～3h，使润滑脂凝结

序号	润滑部位	润滑油（脂）	润滑周期（h）	润滑方式
3	安全器	2号钙基润滑脂	每月	油嘴加入
4	对重绳轮	钙基脂		加注
5	导轨架导轨	钙基脂		刷涂
6	门滑道、门对重滑道	钙基脂		刷涂
7	对重导向轮、滑道	钙基脂		刷涂
8	滚轮	2号钙基润滑脂		油嘴加入
9	背轮	2号钙基润滑脂		油嘴加入
10	门导轮	20号齿轮油		滴注
11	电机制动器锥套	20号齿轮油	每季度	滴注，切勿滴到摩擦盘上
12	钢丝绳	沥青润滑脂		刷图
13	天轮	钙基脂		油嘴加入
14	减速箱	N320涡轮润滑油	每年	清洗、换油

第二节　常见故障和处理方法

施工升降机在使用过程中发生故障的原因很多，主要是因为工作环境恶劣，维护保养不及时，操作人员违章作业，零部件的自然磨损等多方面原因。施工升降机发生异常时，应立即停止作业，及时向有关部门报告，并及时处理，消除隐患，恢复正常后方可作业。

1. 电路、限位开关、电缆

施工升降机常见故障和处理方法　　　　表 10-2

序号	电气常见故障	故障分析
1	总电源开关合闸即跳	电缆内部损伤，短路或相线接地
2	电源正常，但主接触器不吸合	1. 有限位开关没复位，相序接错 2. 元件损坏或线路短路、断路等

序号	电气常见故障	故障分析
3	操作手柄至于上下运行位置，但接触器无动作	1. 上、下限位不通 2. 操作按钮线路断路
4	电机启动困难，并有异常响声	1. 制动器没有打开 2. 严重超载 3. 电机缺相
5	上下运行时限位开关不起作用，但极限开关起作用	1. 上下限位开关损坏 2. 碰块移位 3. 接触器粘接
6	交流接触器释放时有延时现象	接触器复位受阻或粘接
7	电路正常，但操作时有时动作正常，有时不正常	有线路接触不好或虚接
8	吊笼不能起动，电动机堵转	1. 制动器未打开 2. 超载、供电电压低于360V或供电阻抗过大
9	吊笼上下运行时有自停现象	1. 超载运行，热继电器动作 2. 线路接触不良 3. 吊笼门未关好，门限位开关接触不好
10	正常运行时安全器动作	1. 标定速度太低 2. 离心甩块弹簧松脱
11	电机制动器不脱开	1. 升、降接触器辅助触点损坏 2. 制动器线圈损坏 3. 整流桥损坏
12	接触器易烧损	电源功率不足，或工地电源距升降机过远，供电电缆截面过小，致使启动压降过大，启动电流过大

序号	电气常见故障	故障分析
13	升降机刚启动就跳闸	1. 吊笼超载，变频器电流太大． 2. 电源的空气保护开关选型不正确 3. 制动器线圈短路或接地
14	总接触器吸合，变频器无电，吊笼不能运行	1. 吊笼门限位断电 2. 上、下限位断电 3. 内、外转换开关未正常工作 4. 用专用操作板检查变频器模块等是否需更换 5. 变频器接线端子松脱或断开 6. 检查各种限位及开关
15	变频调速升降机运行中突然自动停止，不能继续运行	变频器自动过载保护，立即通知专业维修人员，在查明原因前，不得启动升降机

2. 传动机构

施工升降机常见故障和处理方法 表 10-3

序号	机械常见故障	故障分析
1	吊笼运行时震动较大	1. 滚轮螺栓松动 2. 齿轮、齿条的啮合间隙过大 3. 导轮与齿条背的间隙过大 4. 齿轮、齿条啮合缺少润滑油
2	吊笼起动或停止时有跳动现象	1. 制动器制动力矩过大 2. 电机与减速机间联轴器内橡胶损坏
3	吊笼运行时电机跳动	1. 电机的固定装置松动 2. 电机托块损坏脱落 3. 减速机与传动大板的联接螺栓松动
4	吊笼运行时有跳动现象	1. 标准节对接阶差大 2. 标准节齿条螺栓松动，齿条对接阶差大 3. 小齿轮磨损，更换全部小齿轮

序号	机械常见故障	故障分析
5	吊笼运行时有摆动现象	1. 滚轮螺栓松动 2. 支撑板螺栓松动
6	制动器噪声大	1. 制动器止退轴承损坏 2. 制动盘摆动
7	减速机漏油	1. 减速机骨架油封损坏 2. 减速机观察孔盖螺栓未拧紧 3. 减速机"○"型密封圈损坏
8	传动机构温升过大	1. 润滑油不足或变质。 2. 吊笼运行时有异常阻力
9	电机发烫	1. 制动器动作不同步 2. 升降机长时间超载运行 3. 起、制动过于频繁
10	吊笼制动时下滑距离过长	电机制动力矩太小，适当拧紧电机尾端调节套，或更换制动盘

3. 针对货用施工升降机（物料提升机）的一些常见故障和处理方法

货用施工升降机（物料提升机）在使用过程中发生故障的原因很多，表 10-4 是针对货用施工升降机（物料提升机）的一些常见故障和处理方法。

货用施工升降机（物料提升机）常见故障和处理方法　　　**表 10-4**

序号	故障	原因	排除方法
1	总电源合闸即跳	电路内部损伤，短路或相线接地	查明原因，修复电路
2	电压正常，但主接触器不吸合	限位开关未复位	限位开关复位
		相序接错	正确接线
		电气元件损坏或线路开路断路	更换电气元件或修复电路

154

序号	故障	原因	排除方法
3	操作按钮至于上、下运行位置，但交流接触器不动作	限位开关未复位	限位开关复位
		操作按钮线路断路	修复操作按钮线路
4	电机启动困难，并有异常声响	卷扬机制动器未调好或线圈损坏制动器没打开	调整制动器间隙，更换电磁线圈
		严重超载	减少吊笼载荷
		电动机缺相	正确接线
5	上下限位开关不起作用	上、下限位损坏	更换限位
		限位架和限位片碰块位移	恢复限位架和限位位置
		交流接触器触点黏连	修复或更换接触器
6	交流接触器释放时有黏连	交流接触器复位受阻或黏连	修复或更换接触器
7	电路正常，但操作有时正常，有时不正常	线路接触不好或虚接	修复线路
		制动器未彻底分离	调整制动器间隙
8	吊笼不能正常起升	供电电压低于380V或供电阻抗过大	暂停作业，恢复供电电压至380V
		冬季减速箱润滑油过稠过多	更换润滑油
		制动器未彻底分离	调整制动器间隙
		超载或超高	减少吊笼载荷，下降吊笼
		停靠装置插销伸出挂在架体上	恢复插销位置

序号	故障	原因	排除方法
8	吊笼不能正常下降	断绳保护装置误动作	恢复断绳保护装置
		摩擦副损坏	更换摩擦副
9	制动器失效	制动器各运动部件调整不到位	修复或更换制动器
		机构损坏，使运动受阻	修复或更换制动器
		电气线路损坏	修复电气线路
		制动衬料或制动轮磨损严重，制动衬料或制动块连接铆钉露头	更换制动衬料或制动轮
10	制动器制动力矩不足	制动衬料和制动轮之间有油垢	清理油垢
		制动弹簧过松	更换弹簧
		活动铰链处有卡滞地方或有磨损过甚的零件	更换失效零件
		锁紧螺母松动，引起调整用的横杆松脱	紧固锁紧螺母
		制动衬料和制动轮之间的间隙过大	调整制动衬料和制动轮之间的间隙
11	制动器制动轮温度过高，制动块冒烟	制动轮径向跳动严重超差	修复制动轮与轴的配合
		制动弹簧过紧，电磁松闸器存在故障而不能松闸或松闸不到位	调整松紧螺母

序号	故障	原因	排除方法
11	制动器制动轮温度过高，制动块冒烟	制动器机件磨损造成制动衬料与制动轮之间位置错误	更换制动器机件
		铰链卡死	修复
12	制动器制动臂不能张开	制动弹簧过紧，造成制动力矩过大	调整松紧螺母
		电源电压低或电气线路出现故障	恢复供电电压 380V，修复电气线路
		制动块与制动轮之间有油垢而形成粘边现象	清理污垢
		衔铁之间连接定位件损坏或位置变化，造成衔铁运动受阻，推不开制动弹簧	更换连接定位件或调整位置
		电磁衔铁铁芯之间间隙过大，造成吸力不足	调整电磁衔铁铁芯之间的间隙
		电磁衔铁铁芯之间间隙过小，造成铁芯吸合行程过小，不能打开制动	调整电磁衔铁铁芯之间的间隙
		制动器活动构件有卡滞现象	修复活动构件
13	制动器电磁铁合闸缓慢	继电器常开触点有黏连现象	更换触点
		卷扬机制动器没调好	调整制动器

序号	故障	原因	排除方法
14	吊笼停靠时有下滑现象	卷扬机制动机摩擦片磨损过大	更换摩擦片
		卷扬机制动器摩擦片、制动轮沾油	清理油垢
15	正常动作时断绳保护装置动作	制动块（钳）压得太紧	调整制动滑轮间隙
16	吊笼运行时有抖动现象	导轨上有杂物	清除杂物
		导向滚轮（导靴）和导轨间隙过大	调整间隙
17	钢丝绳磨损太快	滑轮不转动	检查或更换滑轮
		滑轮与绳径不符	更换钢丝绳或滑轮
18	钢丝绳卷绕不齐	钢丝绳牵引方向与卷筒轴线不垂直	调整卷扬机安装位置
		钢丝绳直径不符	更换合适的钢丝绳
19	卷筒筒壁裂纹	材质不均匀	更换新卷筒
		冲击载荷过大	
20	减速箱噪音大	齿轮啮合不良	修理调整齿轮啮合间隙
21	减速箱温升过高	润滑油过多或过少	加到规定的油面高度
22	减速箱漏油	油封失效	更换油封
		轴磨损	修磨轴颈
		分箱面不平	研磨分箱面